电力行业"十四五"规划教材

职业教育电力技术类项目制 新形态教材

# 配电自动化终端实训

PEIDIAN ZIDONGHUA ZHONGDUAN SHIXUN

主　编　赵进忠

副主编　刘晓芹　范静雅

主　审　郑志萍

中国电力出版社

CHINA ELECTRIC POWER PRESS

# 内 容 提 要

配电自动化技术伴随配电网的建设、改造和发展，应用越来越广泛，本书依托国家电网冀北电力有限公司技能培训中心配电自动化实训基地，按照国家电网配电自动化终端运维人员的Ⅰ级、Ⅱ级岗位能力要求，结合高职学生的实际情况，将专业知识和工作技能充分融合到任务实施过程中，突出实操技能训练，注重实训效果。

本书共分 4 个工作情境，内容涵盖配电自动化认知、馈线终端 FTU 的调试与运维、站所终端 DTU 的调试与运维、配电变压器终端 TTU 及故障指示器的运行维护等。

为学习贯彻落实党的二十大精神，本书根据《党的二十大报告学习辅导百问》《二十大党章修正案学习问答》，在数字资源中设置了"课程思政系列数字资源""二十大党章修正案学习辅导""党的二十大报告学习辅导百问"栏目，以方便师生学习。

本书既可作为高职院校继电保护、供用电技术等专业的实训教学用书，也可作为供电企业配电网专业工作人员的培训用书。

**图书在版编目（CIP）数据**

配电自动化终端实训/赵进忠主编 . —北京：中国电力出版社，2023.7（2025.8 重印）
ISBN 978－7－5198－7648－7

Ⅰ．①配⋯ Ⅱ．①赵⋯ Ⅲ．①配电自动化—终端设备—高等职业教育—教材 Ⅳ．①TM76

中国国家版本馆 CIP 数据核字（2023）第 044514 号

---

出版发行：中国电力出版社
地　　址：北京市东城区北京站西街 19 号（邮政编码 100005）
网　　址：http://www.cepp.sgcc.com.cn
责任编辑：牛梦洁（010—63412528）
责任校对：黄　蓓　于　维
装帧设计：郝晓燕
责任印制：吴　迪

---

印　　刷：固安县铭成印刷有限公司
版　　次：2023 年 7 月第一版
印　　次：2025 年 8 月北京第三次印刷
开　　本：787 毫米×1092 毫米　16 开本
印　　张：8
字　　数：163 千字
定　　价：35.00 元

# 本 书 编 写 组

**主　编**　赵进忠

**副主编**　刘晓芹　范静雅

**编　写**　彭茂君　祁　波

# 前　言

配电自动化技术作为提高配电网供电可靠性的有效手段,在配电网中得到推广和应用,随着智能化领域和物联网的成熟和发展,将会使配电自动化在主站、通信、终端设备等诸多方面不断有新技术、新标准、新产品的更新和使用。在实际工作中,配电网人员在运维体系、管理及专业知识和工作能力方面与配电自动化的发展极不协调,许多现场自动化设备还依靠厂家进行运维,所以作为继电保护专业或供用电技术专业的学生以及配电运维的一线员工,熟悉并掌握配电终端运行维护技术是提高配电自动化现场设备实用化水平的关键。

本书依托国家电网冀北电力有限公司技能培训中心配电自动化实训基地,按照国家电网配电自动化终端运维人员的Ⅰ级、Ⅱ级岗位能力要求,结合高职学生的实际情况,将专业知识和工作技能充分融合到任务实施过程中,采用任务驱动的行动式教学模式,依据岗位需求设置工作情境和任务,依据技能需要融入实用相关专业知识,真正做到了以学生为中心,让学生在真实的工作情境中高度参与学习,在"真做实练"的实训过程中增强学生的实操能力,并按照岗位能力标准规范对学生的知识能力水平进行考核,培养学生的工匠精神,全面提高职业素养和安全意识。

本书共分4个工作情境,分别是配电自动化认知、馈线终端FTU的调试与运维、站所终端DTU的调试与运维、配电变压器终端TTU及故障指示器的运行维护。通过学习本书,可以全面掌握配电终端的专业知识、基本技能,提升配电自动化运维管理专业技能水平。

本书既可作为高职院校继电保护、供用电技术等专业的实训教学用书,也可作为供电企业配电网专业工作人员的培训用书。

本书由保定电力职业技术学院教师主笔完成,情境一由刘晓芹、赵进忠主笔;情境二由范静雅主笔;情境三由赵进忠主笔;情境四由赵进忠、范静雅主笔;全书由赵进忠统稿。本书编写过程中,国网北京市电力公司专家彭茂君、祁波参与了编写指导工作,并提供了现场的资料、案例等;国网冀北承德供电公司专家刘玲在终端测试环节给予了帮助和指导。在此对三位专家表示衷心感谢!

书中不妥之处,敬请各位读者批评指正。

编　者

2023 年 3 月

# 目　　录

# 配电自动化认知

## 【情境描述】

配电自动化是一个集成系统，本情境主要完成对配电自动化的整体认知。情境中涵盖三项任务，分别是配电自动化系统认知、配电自动化主站认知、配电自动化通信系统认知。核心知识点包括配电自动化系统组成及功能、配电自动化主站架构及功能、配电自动化系统通信方式及特点，关键技能项包括绘制典型配电网网架结构、进行馈线自动化的故障分析处理、配电自动化主站典型操作、分析以太网无源光网络（Ethernet Passive Optical Network，EPON）光纤通信方式的工作流程。

## 【情境目标】

### 1. 知识目标

掌握配电自动化系统的组成及典型架构、功能及作用；掌握配电自动化主站的硬件架构、软件架构、功能模块和典型功能；掌握配电自动化通信系统作用、构成及通信方式；熟悉配电自动化通信系统运行要求；熟悉无线公网和无线专网的运行特点；熟悉配电网安全工作规程。

### 2. 能力目标

能够绘制典型配电网网架结构图；能够分析集中型馈线自动化和就地型馈线自动化的故障处理过程；能够对配电自动化主站典型工作任务进行实际操作；能够分析 EPON 光纤通信方式的工作流程。

### 3. 素质目标

牢固树立安全风险防范意识，工作过程严谨认真，培养良好的职业道德。

## 任务一　配电自动化系统认知

### ⌨ 任务目标

（1）掌握配电自动化系统的组成及典型架构。

（2）掌握配电自动化系统的功能及作用。

（3）掌握配电终端的类别及具体应用。

（4）能够绘制典型配电网网架结构图。

（5）能够进行馈线自动化的故障处理分析。

（6）熟悉配电网安全工作规程。

## 任务描述

本任务在掌握配电自动化系统的组成架构、功能作用及配电终端类别的基础上，能够绘制辐射式、多分段适度联络架空网网架结构图，以及单环式、双环式电缆网网架结构图；通过案例认识基本型、标准型、动作型配电终端在不同类型的网架结构的具体应用；能够对就地型、集中型馈线自动化的故障进行分析处理，从而更深入理解配电自动化的作用；熟悉配电网安全工作规程，掌握配电网二次系统安全技术规范，为现场实际工作提供安全保障。

## 知识准备

### 一、基本概念

1. 配电自动化

配电自动化（Distribution Automation，DA）以一次网架和设备为基础，综合运用计算机技术、自动控制技术、电子技术、通信技术，实现对配电网的监测与控制，为配电网的安全、可靠、优质、经济运行提供技术支撑。

2. 配电自动化系统

配电自动化系统（Distribution Automation System，DAS）可实现配电网的运行监视和控制，具备配电数据采集与监控（Supervisory Control and Data Acquisition，SCADA）、馈线自动化与分析应用等功能。

3. 配电网数据采集和安全监控系统

配电网数据采集和安全监控（配电 SCADA，即 DSCADA）系统通过人机交互，实现配电网的运行监视和远方控制，为配电网的生产指挥和调度提供服务。

4. 馈线自动化

馈线自动化（Feeder Automation，FA）利用自动化装置（系统），监视配电线路（馈线）的运行状况，及时发现线路故障，迅速诊断出故障区域并将故障区域隔离，快速恢复对非故障区域的供电。

馈线自动化包括集中型馈线自动化和就地型馈线自动化两种。

5. 遥信、遥测、遥控、遥调

遥信（遥信信息，YX），是指远程信号。采集并传送各种保护和开关量信息。

遥测（遥测信息，YC），是指远程测量。采集并传送运行参数中的模拟信号，包括各种电气量，如线路上的电压、电流、功率等。

遥控（遥控信息，YK），是指远程控制。接收并执行遥控命令，主要是分合闸，对一些开关控制设备进行远程控制。

遥调（遥调信息，YT），是指远程调节。接收并执行遥调命令，对远程的控制量设备进行远程调节，如远程调节有载调压变压器的分接头位置等。

6. 一遥、二遥、三遥、四遥

"一遥"指的是遥信功能。

"二遥"指的是遥信和遥测功能。

"三遥"指的是遥信、遥测和遥控功能。

"四遥"指的是遥信、遥测、遥控和遥调功能。

## 二、配电自动化系统的结构认知

配电自动化系统主要由配电主站、配电子站（可选配）、配电终端和通信网络组成，通过信息交换总线实现与其他相关应用系统互联，实现数据共享和功能扩展。

配电自动化系统结构逻辑图如图 1-1 所示。

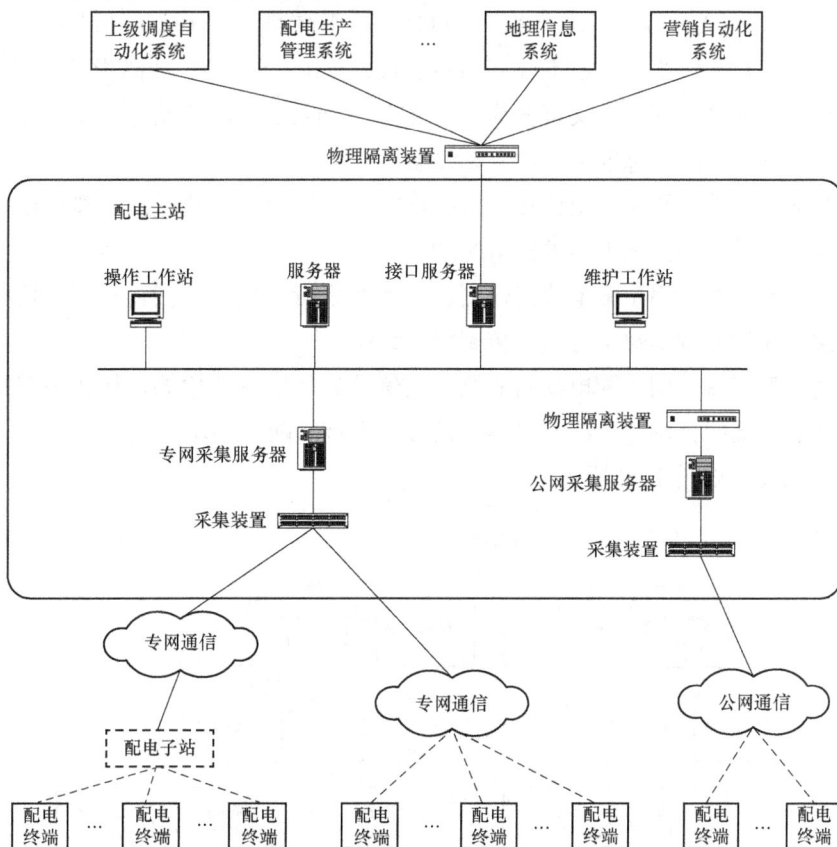

图 1-1　配电自动化系统结构逻辑图

1. 配电主站

配电主站（又称配电自动化主站系统、配电主站系统、主站系统）是配电自动化系统的核心部分，是配电自动化的大脑。

配电主站在配电自动化系统中处于最高层，一般部署在地市公司，管辖地区配电网或地县配电网运行，完成配电网的监控和故障处理任务。

配电主站是一个由计算机、通信网络、计算机软件构成的集成系统。基本功能为SCADA，即数据采集与监控。通过SCADA功能，可实现配电系统基本数据的采集和控制，即"四遥"功能。作为一个配电调度自动化系统核心，仅有SCADA功能不能满足配电网的优化运行控制、异常事故处理等要求，所以配电主站还需要具有电网分析应用等扩展功能。

2. 配电子站

配电子站是为优化系统结构层次、提高信息传输效率、便于配电通信系统组网而设置的中间层，实现所辖范围内的信息汇集与处理、配电网区域故障处理、通信监视等功能。

3. 配电终端

配电终端是安装于中压配电网现场的各种远方监测、控制单元的总称。配电终端可以是馈线终端（Feeder Terminal Unit，FTU）、站所终端（Distribution Terminal Unit，DTU）、配电变压器终端（Transformer Terminal Unit，TTU）、故障指示器等。

配电终端按照功能划分，又可分为"三遥"终端及"二遥"终端等，"二遥"终端又可以分为基本型终端、标准型终端和动作型终端。

（1）基本型终端。用于采集或接收由故障指示器发出的线路遥信、遥测信息，并通过无线公网或无线专网方式上传的配电终端。

（2）标准型终端。用于配电线路遥测、遥信及故障信息的检测，实现本地报警并通过无线公网、无线专网等通信方式上传到配电终端。

（3）动作型终端。用于配电线路遥测、遥信及故障信息的检测，能实现就地故障自动隔离，并通过无线公网、无线专网等通信方式上传的配电终端。

配电终端类别如图1-2所示。

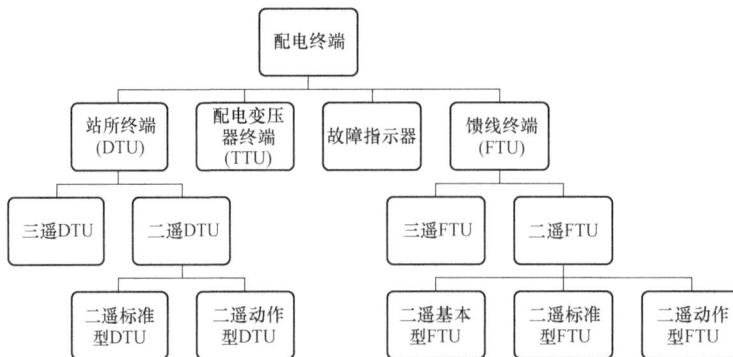

图 1-2  配电终端类别

4. 通信网络

配电自动化系统需要借助有效的通信手段，收集现场配电终端采集的信息并传回控制中心，然后将控制中心的控制命令准确地传送到装配在现场的配电终端。因此，配电自动化的通信网络是配电自动化的神经系统。配电网运行数据的采集、运行状态的改变及配电网的优化均需要通过通信网络实现。

### 三、配电自动化系统的功能及作用

1. 配电自动化系统的功能

配电自动化系统的功能主要是采集配电网设备的实时、准实时数据，贯通高压配电网和低压配电网的电气连接拓扑，实现对配电网运行状态的监测、控制和快速故障隔离；及时发现配电系统中存在的问题，管理好配电设备，维护好设备安全；根据监测数据，融合配电网相关系统业务信息，支撑配电网调控运行、故障抢修、生产指挥、设备检修、规划设计等业务的精益化管理。

（1）电网数据采集与监控（Supervisory Control and Data Acquisition，SCADA），实时监视配电网设备运行状态，并进行远程操作和调节，是配电网自动化的基础功能。

（2）变电站自动化（Substation Automation，SA），完成变电站保护、监控及远动功能。

（3）馈线自动化（Feeder Automation，FA），完成中压配电网的自动故障定位、隔离及恢复供电功能。

（4）负荷控制管理（Load Control & Management，LCM），完成用电监控、负荷管理等功能。

（5）自动抄表（Automatic Meter Reading，AMR），完成远方读表及计费管理功能。

（6）自动绘图/设备管理/地理信息系统（AM/FM/GIS），是完成配电管理的信息平台。设备管理（Facility Management，FM）功能是在地理信息系统（Graphic Information System，GIS）平台上，应用自动绘图（Automatic Mapping，AM）工具，将变电站、开关站、配电站、馈线、变压器、开关、电杆等设备的技术数据反映在地理背景图上，便于进行设备及其静态信息的查询、统计。GIS可以作为一个独立的系统运行，完成一些离线的配电网管理功能（如设备管理功能），也可与SCADA系统交换数据，实现更为完美的配电管理自动化功能（如停电管理功能）。

（7）停电管理系统（Outage Management System，OMS），完成客户电话投诉（95598系统）处理、故障定位、事故抢修调度等故障管理功能，以及停电计划管理、智能操作票管理、供电可靠性统计等。

（8）客户信息系统（Customer Information System，CIS），又称用电管理系统，对名称、地址、联系人、电话、账号、缴费等用户基本信息，以及用电性质、用电量、用电负荷、停电次数、电压水平等用电信息进行计算机管理，在此基础上，完成抄表、收费、用电申请、业扩、故障报修等用电管理功能。

（9）配电工作管理系统（Work Management System，WMS），完成配电网设备检修管理、统计报表管理、工程设计管理、施工计划管理等。

（10）配电系统高级应用软件（Distribution Performance Analysis System，DPAS），包括网络拓扑、状态估计、潮流计算、负荷预报、短路电流计算、电压无功优化、调度员培训仿真、配电网规划与设计管理功能。

综合考虑，配电自动化可分为配电网运行自动化、配电网管理自动化和用户自动化。配电网运行自动化包括配电网实时监控 SCADA、自动故障隔离及恢复供电 FA 和变电站自动化 FA 三个方面；配电网管理自动化包括设备管理、检修管理、停电管理、规划设计管理等功能；用户自动化包括负荷管理、自动抄表、用电管理等功能。

2. 配电自动化系统的作用

配电自动化系统就是利用自动化技术综合全面管理配电系统，完善传统配电网的功能，实现对配电网的监测控制与科学管理，使整个电力系统更好地运行。

（1）提高供电可靠性。发生故障时迅速进行故障定位，采取有效手段隔离故障并对非故障区域恢复供电。

（2）提高设备利用率。基于多分段多联络接线模式，在发生故障时采用模式化故障处理措施，从而提高设备利用率。

（3）经济优质供电。通过对配电网运行情况的监视，掌握负荷特性和规律，制定科学的配电网络重构方案，优化配电网运行方式。

（4）提高应急能力。因特殊情况而在高压侧不能恢复全部用户供电的情况下，采取生产负荷批量转移策略，避免长时间、大面积停电。

## 四、配电网安全工作规程

1. 保证安全的组织措施

在配电线路和设备上工作时，保证安全的组织措施如下：

（1）现场勘察制度。配电检修（施工）作业和用户工程、设备上的工作，工作票签发人或工作负责人认为有必要现场勘察的，应根据工作任务组织现场勘察，并填写现场勘察记录。

（2）工作票制度。在配电线路和设备上工作，根据情况填写相应工作票，如配电第一种工作票、配电第二种工作票、配电带电作业工作票、低压工作票，或填写配电故障紧急抢修单，部分工作可不使用工作票，但应以其他书面形式记录相应的操作和工作等内容。

（3）工作许可制度。各工作许可人完成工作票所列由其负责的停电和装设接地线等安全措施后，方可发出许可工作的命令。

（4）工作监护制度。工作监护制度是保证人身安全及操作正确的主要措施。监护人的职责是保证工作人员在工作中的安全，其监护的内容如下：部分停电时，监护所有工作人员的活动范围，使其与带电设备保持规定的安全距离；带电作业时，监护所有工作人员的活动范围，使其与接地部分保持安全距离，监护所有工作人员的工具使用是否正确、工作位置是否安全、操作方法是否正确等；在工作中，监护人因故离开工作现场时，必须另行指定监护人，并告知工作人员，使监护工作不致间断；监护人发现工作人员中有不正确的动作或违反规程的做法时，应及时提出纠正，必要时可令其停止工作，并立即向上级报告；所有工作人员（包括工作负责人）不准单独留在室内或配电所高压设备区内，以免发生意外触电或电弧烧伤。

（5）工作间断、转移制度。工作间断或遇雷雨等威胁工作人员安全的天气时，应使全部工作人员撤离现场，工作票仍由工作负责人执存，所有安全措施不得变动。间断后继续工作时，无须通过工作许可人。每日收工时，应清扫工作地点，开放已封闭的道路，并将工作票交给值班员；次日复工前，必须重新履行工作许可手续，方可开始工作。在同一电气连接部分、用同一工作票依次在几个地点转移工作时，全部安全措施由值班员在开工前一次做完，无须再办理转移手续，但工作负责人在转移到下一个工作地点时，应向工作人员交代停电范围、安全措施和注意事项。

（6）工作终结制度。检修工作完毕，由工作负责人检查督促全体工作人员撤离现场，对设备状况、现场清洁卫生工作及遗留物件等进行检查，检修人员自己采取的临时安全技术措施如接地线应自行拆除，然后向工作许可人报告，并一同对工作进行验收、检查，合格后双方在工作、安全措施票上签字，这时工作票才算终结。

2. 保证安全的技术措施

在配电线路和设备上工作时，保证安全的技术措施包括：

（1）停电。依据规程对需要停电的线路和设备停电，保证现场作业安全。

（2）验电。配电线路和设备停电检修，接地前，应使用相应电压等级的接触式验电器或测电笔，在装设接地线或合接地开关处逐相分别验电。室外低压配电线路和设备验电宜使用声光验电器。架空配电线路和高压配电设备验电应有人监护。

（3）接地。经检验确已无电压后，应立即将检修的高压配电线路和设备接地并三相短路，工作地段各端和工作地段内有可能反送电的各分支线都应接地。

（4）悬挂标示牌和装设遮栏（围栏）。依据规程在工作地点悬挂标示牌、装设遮栏（围栏）。例如：应在工作地点或检修的配电设备上悬挂"在此工作！"标示牌；完成配电设备的盘柜检修、查线、试验、定值修改输入等工作时，宜在盘柜的前后分别悬挂"在此工作！"标示牌；高低压配电室、开关站部分停电检修或新设备安装时，应在工作地点两旁及对面运行设备间隔的遮栏（围栏）上和禁止通行的过道遮栏（围栏）上悬挂"止步，高压危险！"标示牌。

3. 二次系统工作的一般要求

（1）工作人员在现场工作过程中，凡遇到异常情况（如直流系统接地等）或断路器

（开关）跳闸时，不论是否与本工作有关，都应立即停止工作，保持现状，待查明原因，确认与本工作无关时方可继续工作；若异常情况或断路器（开关）跳闸是由本工作所引起，应保留现场并立即通知运维人员。

（2）继电保护装置、配电自动化装置、安全自动装置和仪表、自动化监控系统的二次回路变动时，应及时更改图纸，并按经审批后的图纸进行，工作前应隔离无用的接线，防止误拆或产生寄生回路。

（3）二次设备箱体应可靠接地且接地电阻应满足要求。

4. 电流互感器和电压互感器工作

（1）电流互感器和电压互感器的二次绕组应有一点且仅有一点永久性的、可靠的保护接地。工作中，禁止将回路的永久接地点断开。

（2）在带电的电流互感器二次回路上工作时，应采取措施防止电流互感器二次侧开路。短路电流互感器二次绕组，应使用短路片或短路线，禁止用导线缠绕。

（3）在带电的电压互感器二次回路上工作时，应采取措施防止电压互感器二次侧短路或接地。接临时负载，应装设专用的隔离开关和熔断器。

（4）二次回路通电或进行耐压试验前，应通知运维人员和其他有关人员，并派专人到现场看守，检查二次回路及一次设备，确保无人工作后，方可加压。

（5）电压互感器的二次回路通电试验时，应将二次回路断开，并取下电压互感器高压熔断器或拉开电压互感器一次隔离开关，防止由二次侧向一次侧反送电。

5. 现场检修

（1）现场工作开始前，应检查确认已做的安全措施符合要求、运行设备和检修设备之间的隔离措施正确完成。工作时，应仔细核对检修设备名称，严防走错位置。

（2）在全部或部分带电的运行屏（柜）上工作时，应将检修设备与运行设备以明显的标志隔开。

（3）作业人员在接触运用中的二次设备箱体前，应用低压验电器或测电笔确认其确无电压。

（4）工作中，需临时停用有关保护装置、配电自动化装置、安全自动装置或自动化监控系统时，应向调度控制中心申请，经值班调控人员或运维人员同意，方可执行。

（5）在继电保护、配电自动化装置、安全自动装置和仪表及自动化监控系统屏间的通道上安放试验设备时，不能阻塞通道，要与运行设备保持一定距离，防止事故处理时通道不畅。搬运试验设备时应防止误碰运行设备，从而造成相关运行设备继电保护误动作。清扫运行中的二次设备和二次回路时，应使用绝缘工具，并采取措施防止振动、误碰。

6. 整组试验

（1）继电保护、配电自动化装置、安全自动装置及自动化监控系统做传动试验、一次通电或直流系统功能试验前，应通知运维人员和有关人员，并指派专人到现场监视后，方可进行。

（2）检验继电保护、配电自动化装置、安全自动装置和仪表、自动化监控系统和仪表的工作人员，不得操作运行中的设备、信号系统、保护压板。在取得运维人员许可并在检修工作盘两侧开关把手上采取防误操作措施后，方可断、合检修断路器（开关）。

**任务实施**

### 一、绘制典型配电网网架结构图

#### （一）绘制辐射式架空网网架结构图

某区域用户供电方式是从变电站 10kV 母线引出，采用 10kV 架空线，分三段，试绘制配电网网架结构图，说明图中主要一次设备名称及作用。

步骤一：绘制网架主干线结构图，采用辐射式接线方式，如图 1-3 所示，图中开关包括出口开关、分段开关。出口开关设在变电站内，是该线路的出线开关，出口开关一般采用断路器；分段开关起到线

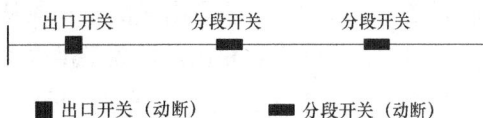

图 1-3 辐射式配电网网架结构图

路分段、故障隔离作用，根据保护配置和系统运行方式的需要，分段开关可选用断路器或负荷开关。

步骤二：在一次图中每段添加一个用户，绘制一次系统图，并为用户选配分界开关，如图 1-4 所示。用户分别是变压器容量为 800kVA 的箱式变电站、容量为 315kVA 的台区变压器及配电室。分界开关的作用是当用户发生故障时隔离故障。

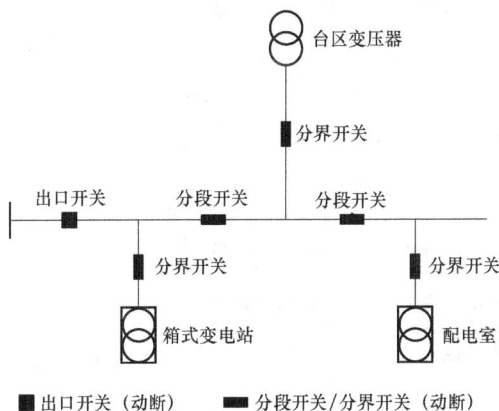

图 1-4 辐射式配电网网架结构图（带用户）

步骤三：进行架构分析。辐射式接线简单清晰、运行方便、建设投资低，当线路或设备故障、检修时，用户停电范围大，一般适用于负荷密度低、用户负荷重要性一般、变电站布点稀疏的地区。

#### （二）绘制多分段适度联络架空网网架结构图

1. 三分段单联络接线方式

某区域用户供电方式有 2 个电源点，采用 10kV 架空线，该区域配电网负荷密度大，用户对供电可靠性的要求更高，绘制三分段单联络配电网网架结构图，说明图中主要一次设备名称、联络开关作用及运行方式。

步骤一：绘制网架结构图，采用三分段单联络接线方式，也叫"手拉手"接线，如图 1-5 所示。

■ 出口开关（动断）　■ 分段开关（动断）　□ 联络开关（动合）

图 1-5　三分段单联络配电网网架结构图

步骤二：说明主要一次设备名称、联络开关作用及运行方式。

系统正常运行时，出口开关和分段开关一般是闭合的，联络开关是断开的。闭环设计，开环运行。

联络开关的作用是在双电源供电时，当一个电源出现故障，把故障电源的负荷转移到另一个电源，提高供电可靠性。

举例说明：若母线Ⅰ出线的第二段发生故障，则其两侧分段开关分闸，隔离故障。然后联络开关合闸，母线Ⅰ出线的第三段从另一个电源点得电，恢复供电。与没有联络开关的辐射式接线方式相比，提高了供电可靠性。

2. 三分段三联络接线方式网架分析

三分段三联络接线方式如图 1-6 所示，进行架构分析。

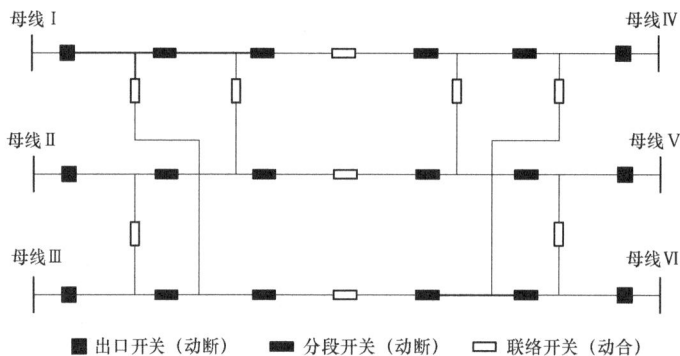

■ 出口开关（动断）　■ 分段开关（动断）　□ 联络开关（动合）

图 1-6　三分段三联络架空网网架结构图

三分段三联络接线方式属于多分段适度联络接线方式，一般分段的数目不小于联络的数目，分段数目越多，故障停电和检修停电的时间越短，则网络的可靠性越高，所以分段数目影响供电可靠性。而联络的数目不仅影响可靠性，还影响线路的负荷率。

多联络开关的接线方式，使每一回路都有多路电源供给，即使一条回路中两侧电源都停电检修，也能通过联络开关连通其他回路电源保证正常供电。联络开关的数目越多，线路的负荷率越高，经济性越好。但是，联络的数目太多会增加调度操作的复杂性，设备投资也会增加，所以对于一定的供电负荷，应该有一个最佳的分段数和联络数。

分段与联络数量根据用户数量、负荷密度、负荷性质、线路长度和环境等因素确定，一般将线路 3 分段、2~3 联络。两分段两联络接线方式如图 1-7 所示。

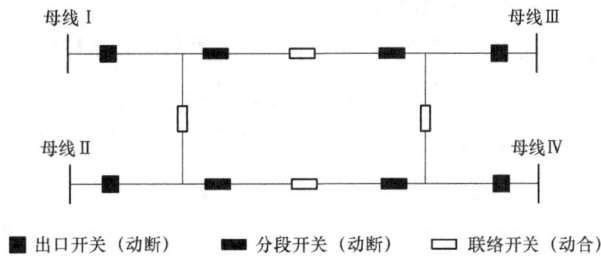

图1-7　两分段两联络架空网网架结构图

**（三）绘制单环式电缆网网架结构图**

某区域由两个变电站的10kV母线供电，采用10kV电缆网，使用环网柜，绘制配电网网架结构图。

步骤一：绘制网架结构图如图1-8所示，为单环式接线方式。母线Ⅰ为A变电站10kV母线，母线Ⅱ为B变电站10kV母线，通过6个环网柜构成单环式电缆网。

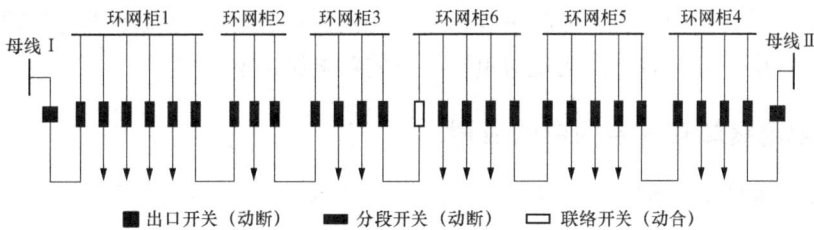

图1-8　单环式电缆网网架结构图

步骤二：在一次图中添加用户，绘制一次系统图，如图1-9所示。为环网柜1和环网柜6分别添加一个电缆分支箱，为环网柜2添加一个变压器，为环网柜5添加一个箱式变电站。

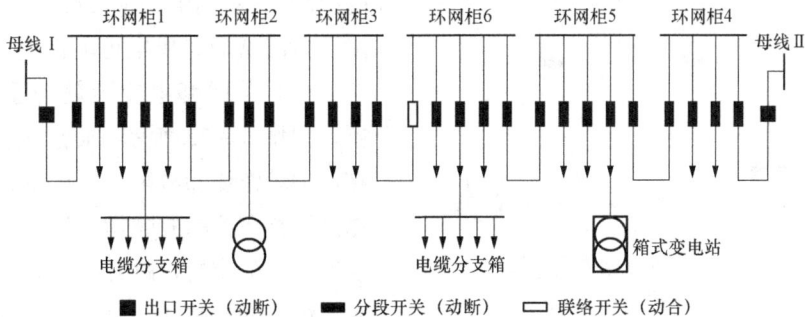

图1-9　10kV环网柜与电缆分支箱组成的电缆环网网架结构图

步骤三：进行架构分析。单环式电缆网网架结构具有运行可靠性高、运行方式灵活等优点；缺点是继电保护比较复杂，整定配合难度较大，一般采用开环运行。

11

**（四）绘制双环式电缆网网架结构图**

某区域供电方式是有 4 个电源点，采用 10kV 电缆线路，用户对供电可靠性要求高，每个环网柜均采用双电源供电，绘制配电网网架结构图。

步骤一：绘制网架结构图如图 1-10 所示，为双环式接线方式。

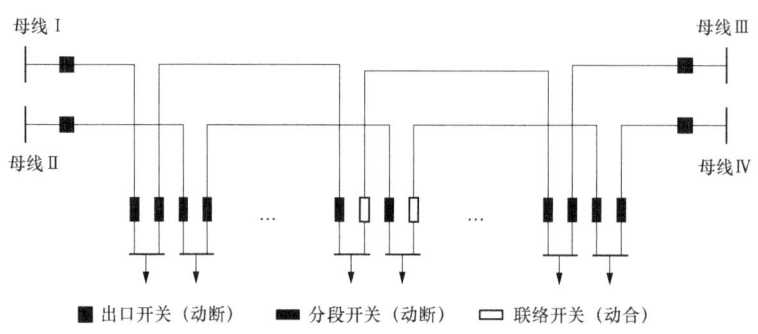

图 1-10 双环式电缆网网架结构图

步骤二：进行架构分析。比较单环网与双环网的运行方式，双环式电缆网网架结构具有更高的供电可靠性，可以实现对重要用户的双电源供电。

## 二、配电终端在配电网中的应用

案例 1：辐射式架空网案例分析

某辐射式架空网网架结构，配置不同类型的配电终端时，当线路上发生两相短路故障，如图 1-11 所示。分析配电自动化系统的故障处理过程。

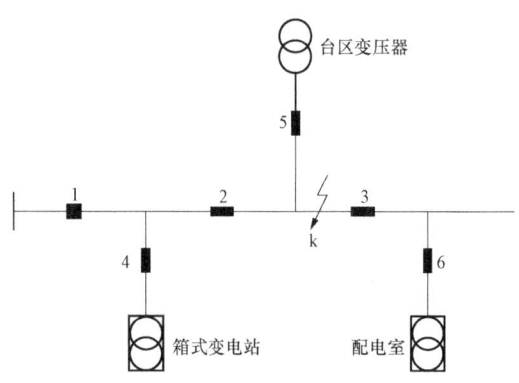

图 1-11 辐射式架空网故障

（1）若没安装任何配电终端，k 点发生两相短路故障，则变电站母线出线保护动作，跳开出口处 1 号出线断路器切除故障，然后由运维人员沿线路排查故障，费时费力，供电可靠性差。

（2）若线路上安装就地型故障指示器，如图 1-12 所示。k 点发生故障时，在保护动作切除故障后，运维人员可以根据沿线路布置的故障指示器的故障指示很快判断故障位置，跳开 2 号开关，隔离故障，恢复变电站和 2 号开关之间的负荷供电。安装故障指示器之后，可以帮助运维人员尽快定位故障区段，隔离故障区段，恢复无故障部分供电，提高供电可靠性。

（3）若线路上安装的配电终端是"二遥"基本型，如图 1-13 所示。各个馈线终端 FTU 本身不进行故障判断，只将采集的信息上送到配电主站，由主站分析数据，判断故障区段。发生故障时，依然是由变电站内保护动作，跳开 1 号出线断路器。但是，由于馈线终端 FTU 上送的遥测信息，主站自动判断出故障区段，但因为线路开关不能被遥控，所以检修人员直接到 2 号开关处手动分闸，隔离故障。与就地型故障指示器相比，"二遥"基本型馈线终端 FTU 判断故障区段是由主站自动完成的，能更快地完成故障定位，尤其对于长线路或很多支线的网络，优势更明显。

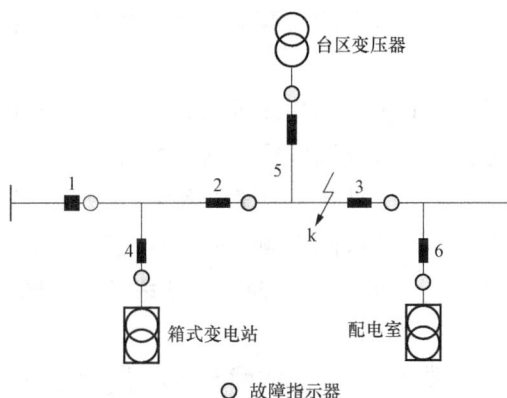

图 1-12　配置故障指示器的辐射式
架空网故障分析

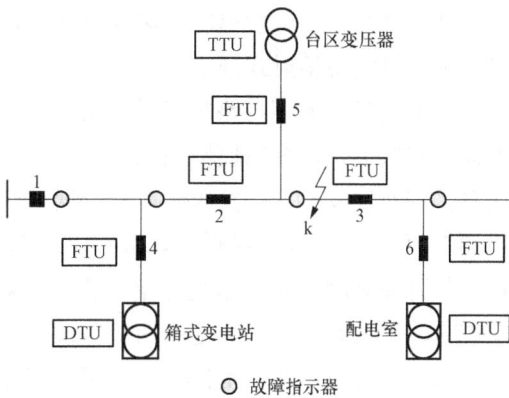

图 1-13　辐射式架空网故障分析

（4）若线路上安装的配电终端是"二遥"标准型馈线终端 FTU，如图 1-13 所示。各个馈线终端 FTU 本身可以采集故障信息，判别故障，进行告警，但不能进行故障自动隔离，依然需要检修人员到现场就地隔离故障。

（5）若线路上安装的配电终端是"二遥"动作型馈线终端 FTU，如图 1-13 所示。发生故障时，各个馈线终端 FTU 可以判别故障，并可以自动跳闸隔离故障。

（6）若线路上安装的配电终端是"三遥"馈线终端 FTU，如图 1-13 所示。发生故障时，是由主站发送跳闸命令远方遥控 2 号开关分闸。

经过上述分析可以发现，配置的馈线终端 FTU 功能越完备，发生故障时，配电自动化系统判断故障、隔离故障的时间越短。但同时也要注意，馈线终端 FTU 的功能实现也依赖于线路开关的类型。另外，当 k 点发生故障时，由于是辐射式网架结构，只有一路供给电源，因此不论采用何种配电终端，不能避免的问题是在故障区段被隔离之后，故障点远离电源侧的用户也不能恢复供电，这是配电网一次网架结构决定的，单纯依靠配电终端不能解决问题，所以合理完善的网架结构才能充分发挥配电终端乃至整个配电自动化系统的作用。

案例 2：手拉手架空网案例分析

某手拉手架空网网架结构，配置不同类型的配电终端，当线路上发生两相短路故障时，如图 1-14 所示。分析配电自动化系统的故障处理过程。

以配置"三遥"型馈线终端 FTU 为例，分析故障处理过程（其他终端类型分析参

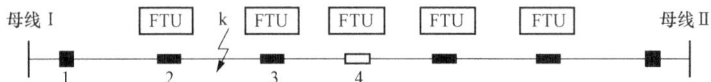

图 1-14　手拉手架空网故障

照辐射式架空网发生故障时各类配电网终端的动作过程分析）。

架空网采用三分段单联络接线方式时，正常运行情况下联络开关 4 号是断开的，相当于两个单电源辐射式网络。

当 k 点发生两相短路故障时，由站内保护动作，跳开 1 号出线开关。同时，各开关处馈线终端 FTU 采集遥测遥信信息，并将其通过通信系统远传给主站；主站根据这些信息，判断故障位置，发送遥控命令远传给 2 号开关和 3 号开关的馈线终端 FTU；馈线终端 FTU 接收主站遥控命令，遥控 2 号开关和 3 号开关跳闸，隔离故障；之后主站遥控 1 号开关合闸，恢复母线 I 出线供电；除此之外，主站还要遥控 4 号联络开关合闸，恢复 3 号开关和 4 号开关之间的负荷供电。

从上述分析可知，手拉手架空网在配置配电终端之后，发生故障时可以进行快速的故障区段定位，还能通过联络开关实现无故障区段的快速恢复供电，充分发挥了联络开关的作用，供电可靠性更高。

## 三、馈线自动化应用

案例 1：就地型馈线自动化案例分析

就地型馈线自动化是指在配电网发生故障时，不依赖配电主站，通过配电终端相互通信、保护配合及时序配合，实现故障区域的隔离和非故障区域供电的恢复，并上报处理过程及结果。

电压时间型馈线自动化线路如图1-15 所示，图中 QF1 为变电站出线开关，为断路器；FS1～FS5 为主干线分段开关、分支线分段开关。

线路分段开关和分支线开关配置的配电终端自身具有电压-时间逻辑判断功能，即"失压分闸、来电延时合闸"，各开关来电延时合闸的延时时间设置如图 1-15 所示。

主干线故障分析：

（1）主干线 FS2 和 FS3 之间 k1 点发生故障，如图 1-16 所示。

变电站出线开关 QF1 跳闸，FS1～FS5 各干线分段开关、分支线分段开关均因失压分闸，如图 1-17 所示。

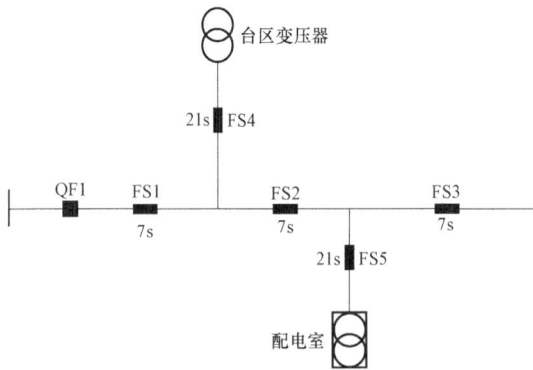

图 1-15　电压时间型馈线自动化线路图

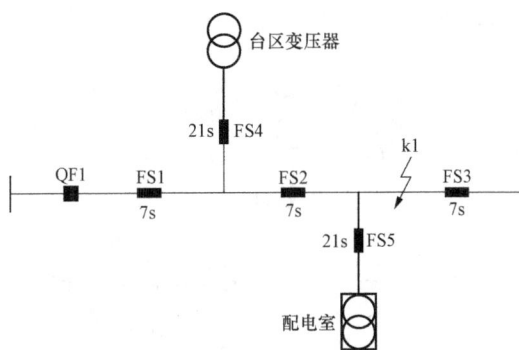

图 1-16　主干线故障

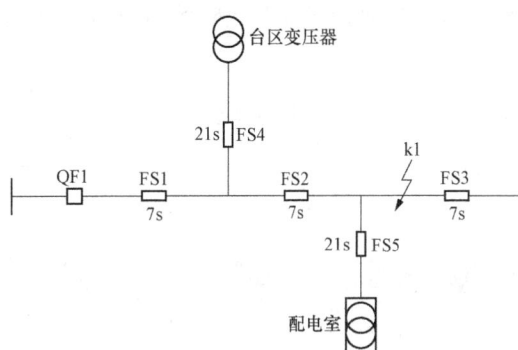

图 1-17　主干线故障处理过程一

（2）变电站出线开关 QF1 一次重合闸，FS1 来电后 7s 合闸，如图 1-18 所示。

（3）FS1 合闸后，FS2、FS4 得电，FS2 延时 7s 合闸，FS4 需延时 21s 才合闸，如图 1-19 所示。

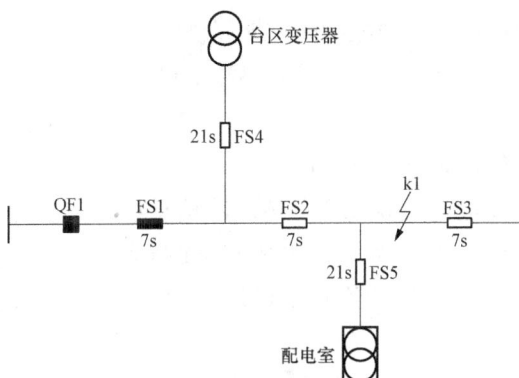

图 1-18　主干线故障处理过程二

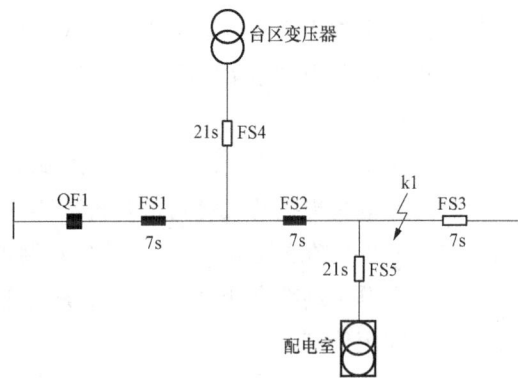

图 1-19　主干线故障处理过程三

FS2 合闸后，k1 点故障依然存在，导致变电站出线开关 QF1 再次跳闸，FS1、FS2 因失压再次分闸如图 1-20 所示。FS2 合闸未保持则闭锁正向来电合闸，FS3 和 FS5 感受瞬时来电也将闭锁合闸。

（4）变电站出线开关 QF1 二次重合闸，FS1 得电延时 7s 合闸，如图 1-21 所示。

（5）FS1 合闸后，FS2 因为被闭锁，虽然得电但依然不能合闸。FS4 得电后，

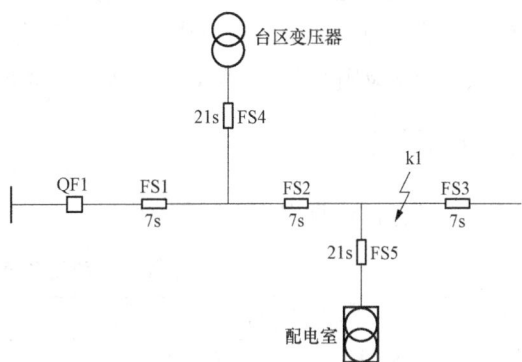

图 1-20　主干线故障处理过程四

延时21s合闸，恢复非故障区域供电，如图1-22所示。

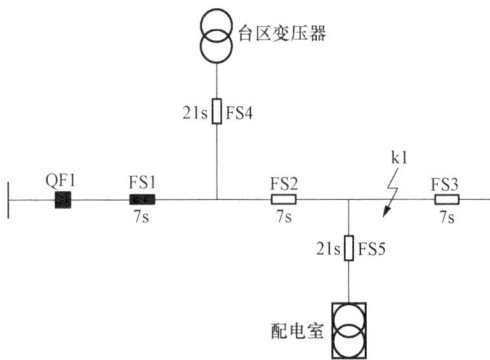

图1-21 主干线故障处理过程五 图1-22 主干线故障处理过程六

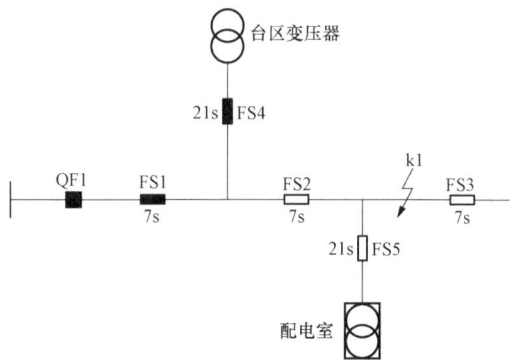

案例2：集中型馈线自动化案例分析

集中型馈线自动化是通过配电自动化主站系统收集配电终端上送的故障信息，综合分析后定位出故障区域再采用遥控方式进行故障隔离和非故障区域恢复供电。

案例1线路中采用集中型馈线自动化，各馈线开关均安装馈线终端FTU。

主干线故障分析：

（1）主干线FS2和FS3之间k1点发生故障，如图1-16所示。

（2）变电站出线开关跳闸重合再次跳闸，变电站出线保护上传故障信息给主站，同时FS1、FS2的馈线终端FTU检测到短路电流，也被触发，向主站上报故障信息。

（3）配电主站综合变电站出线保护动作和线路上馈线终端FTU的信息，分析后做出故障区间定位判断。

（4）在调度员工作站上自动调出故障线路的接线图，以醒目方式显示故障发生点及相关信息。

对比就地型和集中型馈线自动化，采用集中型馈线自动化，配电主站通过馈线终端FTU采集的故障信息，可以快速进行故障定位及故障隔离，恢复非故障区域的供电，这是馈线自动化应用发展的主流，而就地型馈线自动化适用于没有配电自动化系统覆盖的区域。

## 任务评价

本任务评价见表1-1。

表1-1　　　　　　　　配电自动化系统认知任务评价表

| 姓名 | | 学号 | | | | | |
|---|---|---|---|---|---|---|---|
| 序号 | 评分项目 | 评分内容及要求 | | 评分标准 | 扣分 | 得分 | 备注 |
| 1 | 预备工作<br>（5分） | 安全着装 | | （1）未按照规定着装，每处扣1分。<br>（2）其他不符合条件，酌情扣分 | | | |

| 序号 | 评分项目 | 评分内容及要求 | 评分标准 | 扣分 | 得分 | 备注 |
|---|---|---|---|---|---|---|
| 2 | 配电自动化基本知识认知（15分） | （1）基本概念。<br>（2）配电自动化系统结构。<br>（3）配电自动化系统功能作用 | （1）能说明基本概念，得5分。<br>（2）能说明配电自动化系统结构，得5分。<br>（3）能叙述配电自动化系统功能作用，得5分 | | | |
| 3 | 认知典型配电网网架结构（20分） | （1）辐射式架空网。<br>（2）多分段适度联络架空网。<br>（3）单环式电缆网。<br>（4）双环式电缆网 | （1）能绘制辐射式架空网，得5分。<br>（2）能绘制多分段适度联络架空网，得5分。<br>（3）能绘制单环式电缆网，得5分。<br>（4）能绘制双环式电缆网，得5分 | | | |
| 4 | 配电终端在配电网中的应用（30分） | （1）辐射式架空网配电终端应用。<br>（2）手拉手架空网配电终端应用 | （1）能比较辐射式架空网配置不同类型的配电终端时的特点，得15分。<br>（2）能比较手拉手架空网配置不同配电终端时的特点，得15分 | | | |
| 5 | 馈线自动化应用认知（20分） | （1）就地型馈线自动化。<br>（2）集中型馈线自动化 | （1）能分析就地型馈线自动化的故障处理过程。<br>（2）能分析集中型馈线自动化的故障处理过程 | | | |
| 6 | 综合素质（10分） | （1）实训态度认真，独立完成相关知识的学习。<br>（2）严格遵守安全操作规程，实训过程中不违反有关规定 | | | | |
| 合计 | 总分100分 | | | | | |

| 任务开始时间 | 时 分 | | 实际时间 | |
|---|---|---|---|---|
| 结束时间 | 时 分 | | | 时 分 |
| | 教师 | | | |

### 📖 任务扩展

（1）认识国外发达城市典型配电网网架结构，如梅花型、三环网、六分段三联络等。

（2）案例分析：电压时间型馈线自动化系统中，当分支线故障时，分析故障处理过程。

参考：

分支线故障处理过程如下：

1）分支线FS4后k2点发生故障，如图1-23所示。

2）变电站出线开关 QF1 跳闸，FS1～FS5 各干线分段开关、分支线分段开关均因失压分闸，如图 1-24 所示。

3）变电站出线开关 QF1 一次重合闸，FS1 来电后 7s 合闸，如图 1-25 所示。

4）FS1 合闸后，FS2、FS4 得电，FS2 延时 7s 合闸，FS4 需延时 21s 才合闸，如图 1-26 所示。

5）FS2 合闸后，FS3 得电后延时 7s 合闸，此时 FS4 延时 14s，没到 21s，所以不合闸，继续等待，FS5 得电，需延时 21s 合闸，如图 1-27 所示。

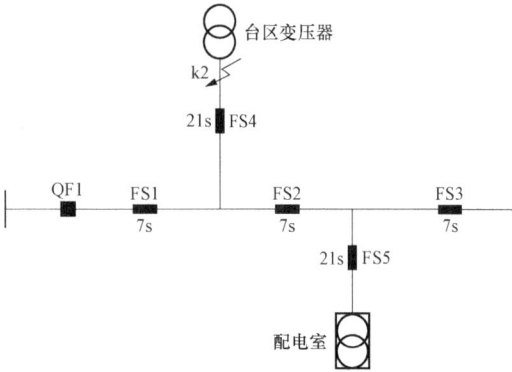

图 1-23　分支线故障

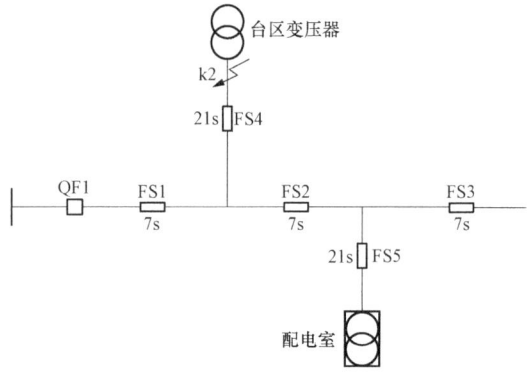

图 1-24　分支线故障处理一

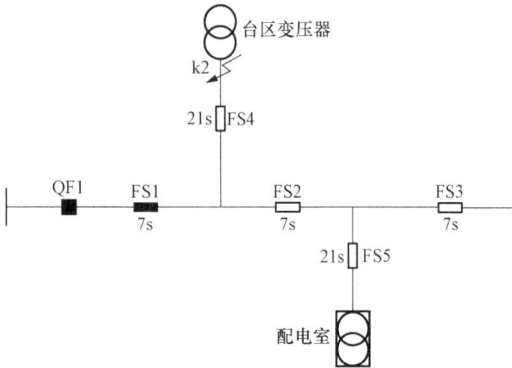

图 1-25　分支线故障处理二

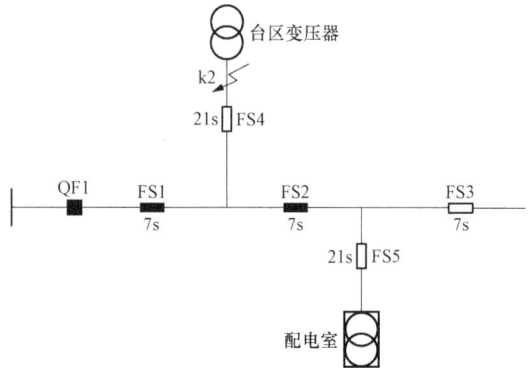

图 1-26　分支线故障处理三

6）FS3 合闸后 7s 时，FS4 延时 21s 合闸，如图 1-28 所示。

7）FS4 合闸后，k2 点故障依然存在，导致变电站出线开关 QF1 再次跳闸，FS1～FS4 因失压再次分闸，如图 1-24 所示。FS4 合闸未保持则闭锁正向来电合闸。

8）变电站出线开关 QF1 二次重合闸，FS1 得电延时 7s 合闸，如图 1-25 所示。FS1 合闸后，FS2 得电延时 7s 合闸，而 FS4 因被闭锁，虽然得电也不合闸，如图 1-26 所示。FS2 合闸后，FS3 得电延时 7s 合闸，FS5 得电 21s 合闸，如图 1-29 所示，非故障区域恢复供电。

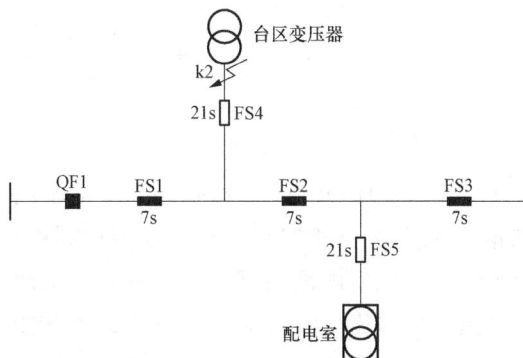

图 1-27　分支线故障处理四

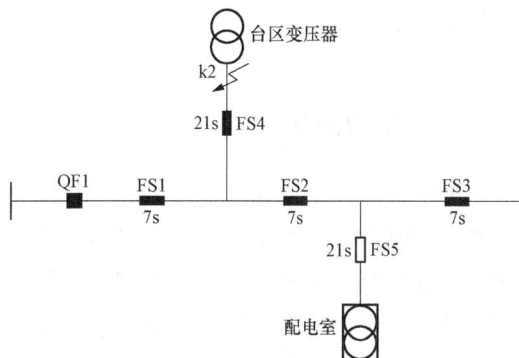

图 1-28　分支线故障处理五

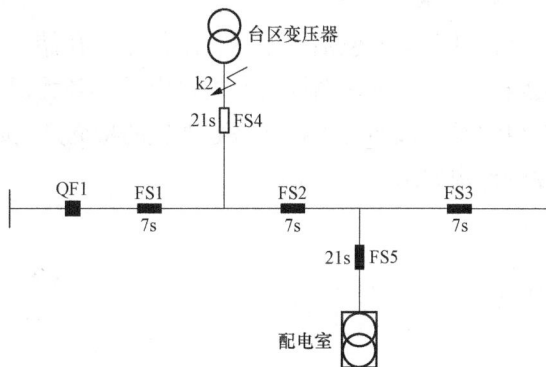

图 1-29　分支线故障处理六

# 任务二　配电自动化主站认知

## 任务目标

（1）掌握配电自动化主站的硬件架构。

（2）掌握配电自动化主站的软件架构。

（3）掌握配电自动化主站的功能模块和典型功能。

（4）能够对配电自动化主站典型工作任务进行实际操作。

## 任务描述

本任务在了解配电自动化主站的硬件架构、软件架构，掌握配电自动化主站的功能模块和典型功能的基础上，通过配电网用户事故监视、实时数据采集、信息查询、过负荷监视、事故处理等典型工作任务的实施，掌握主站的基本操作流程，熟悉主站的功能应用。

## 任务准备

### 一、知识准备

配电自动化主站系统（Master Station System of Distribution Automation，即配电主站、配电自动化主站）是配电自动化系统的信息汇集中心和控制枢纽，采用计算机、网络和通信综合技术，针对配电网运行管理的需求，实现配电网数据采集与监控，电网拓扑分析，设备与图模管理，馈线故障定位、隔离、故障恢复，负荷转供分析，合环潮流计算等功能，还具有与调度自动化、地理信息、生产管理等其他应用信息系统进行信息交互的功能，为配电网调度指挥和生产管理提供技术支撑。

（一）配电自动化主站系统硬件架构

配电自动化主站的硬件设备主要包括服务器、工作站、存储设备、安全防护设备及交换机、路由器等网络设备，为了确保系统运行的稳定性，各关键节点的硬件设备采用冗余配置，网络采用双以太网局域网结构，网络数据流的特征是实时性要求强。

配电自动化主站硬件架构如图 1-30 所示。

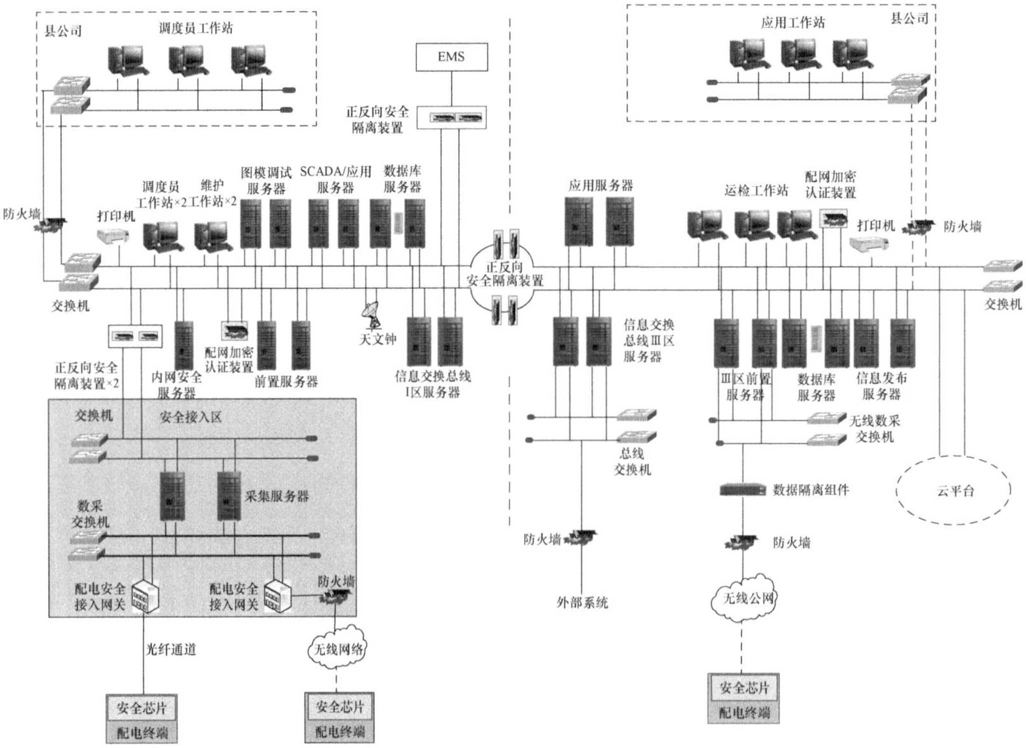

图 1-30 配电自动化主站硬件架构图

## 1. 服务器

服务器是响应服务请求，并提供计算服务的设备。在网络环境下，根据其所提供的服务类型的不同，服务器可分为文件服务器、数据库服务器、应用程序服务器、Web服务器等。例如，前置数采服务器完成配电SCADA数据采集、系统时钟和对时等；SCADA服务器完成配电SCADA数据处理、操作与控制、事故反演、多态多应用、模型管理、权限管理、告警服务、报表管理、系统运行管理、终端运行工况监视等；数据库服务器完成数据库管理、数据备份与恢复、数据记录等。

## 2. 工作站

工作站是一种高端的通用微型计算机，供单用户使用，并在图形处理、任务并行等方面提供比个人计算机更强大的性能。工作站通常配有高分辨率的大屏、多屏显示器及容量很大的存储器和外部存储器，并且具有极强的信息处理功能和高性能的图形、图像处理功能以及联网功能。另外，连接到服务器的终端机也可称为工作站。

## 3. 存储设备

存储设备适用于存储信息的设备，通常是将信息数字化后，以电、磁或光学等形式进行存储。主站用到的存储设备为磁盘阵列，是由很多磁盘组成的一个容量巨大的磁盘组，并利用个别磁盘提供数据所产生的加成效果提升整个磁盘系统效能，有"独立磁盘构成的具有冗余能力的阵列"之意。

## 4. 安全防护设备

配电自动化系统的安全防护设备用于保障系统安全，防范黑客及恶意代码等对监控系统的攻击及侵害，特别是抵御集团式攻击，防止监控系统崩溃或瘫痪，以及由此造成的电力设备事故或电力安全事故（事件）。安全防护设备包括防火墙、正反向安全隔离装置、加密认证装置等。

## 5. 交换机

交换机是一种用于电（光）信号转发的网络设备。它可以为接入交换机的任意两个网络节点提供独享的电信号通路。常见的交换机有以太网交换机、光纤交换机、电话语音交换机等。交换机的主要功能包括物理编址、网络拓扑结构、错误校验、帧序列以及流控。交换机还具备了一些新的功能，如对VLAN（虚拟局域网）的支持、对链路汇聚的支持，甚至有的还具有防火墙的功能。

## 6. 路由器

路由器是连接两个或多个网络的硬件设备，在网络间起网关的作用，是读取每一个数据包中的地址然后决定如何传送的专用智能性的网络设备。

配电自动化主站系统从应用分布上主要分为生产控制大区、公网数据采集安全接入区、管理信息大区3个部分。各大区的硬件配置及具体功能如表1-2所示。

表 1-2                         配电自动化主站各大区硬件配置表

| 安全区 | 硬件配置 | 功能说明 |
| --- | --- | --- |
| 生产控制大区 | 前置服务器 | 完成配电 SCADA 数据采集、系统时钟和对时的功能 |
| | SCADA 服务器 | 完成配电 SCADA 数据处理、操作与控制、事故反演、多态多应用、模型管理、权限管理、告警服务、报表管理、系统运行管理、终端运行工况监视等功能 |
| | 配电网应用服务器 | 完成馈线故障处理、电网分析应用、配电网实时调度管理、智能化应用等功能。在主站系统处理负载率符合指标的情况下，可以将配电网应用服务器与 SCADA 服务器合并 |
| | 数据库服务器 | 完成数据库管理、数据备份与恢复、数据记录等功能 |
| | 接口适配服务器 | 完成与外部系统的信息交互功能 |
| | 磁盘阵列 | 完成数据的存储与备份 |
| | 工作站 | 包括配调工作站、检修计划工作站、报表工作站、维护工作站等 |
| 公网数据采集安全接入区 | 无线公网前置服务器 | 完成公网配电通信终端（FTU、TTU 等）的实时数据采集 |
| | 网络交换设备 | 扩大网络的器材，子网络提供更多的连接端口，以便连接更多的计算机 |
| | 安全防护设备 | 实现对配电自动化系统终端身份识别、信息加密 |
| 管理信息大区 | Web 发布服务器 | 完成安全Ⅰ区配电 SCADA 数据信息的网上发布功能 |
| | 信息交互服务器 | 完成信息交互功能 |
| | 磁盘阵列 | 完成数据的存储与备份 |

（二）配电自动化主站系统软件架构

配电自动化主站通过系统硬件、操作系统、支持平台和应用软件 4 个层次的架构体系，实现配电自动化主站的平台服务和基本功能及扩展功能的应用。

配电自动化主站软件架构如图 1-31 所示。

（三）配电自动化主站功能

配电自动化主站系统是整个配电自动化系统的监控管理中心，通过电网监视、信息查询、事故处理、系统管理、前置操作、Web 浏览、图模维护、高级应用和信息交互等功能模块，实现配电自动化主站功能应用。

配电自动化主站的典型功能如下。

1. 配电网正常监视

（1）由变电站的开关设备、配电线路开关设备的状态分析配电网状态，判断并表示停电状态。

（2）强调显示配电网网络图和潮流情况。

（3）通过选择配电线路，可以监视配电线路的测量参数。

（4）通过选择分段开关，可以监视分段开关参数。

（5）通过选择变电站/开关站，可以显示主接线图，并实时刷新开关状态和表计。

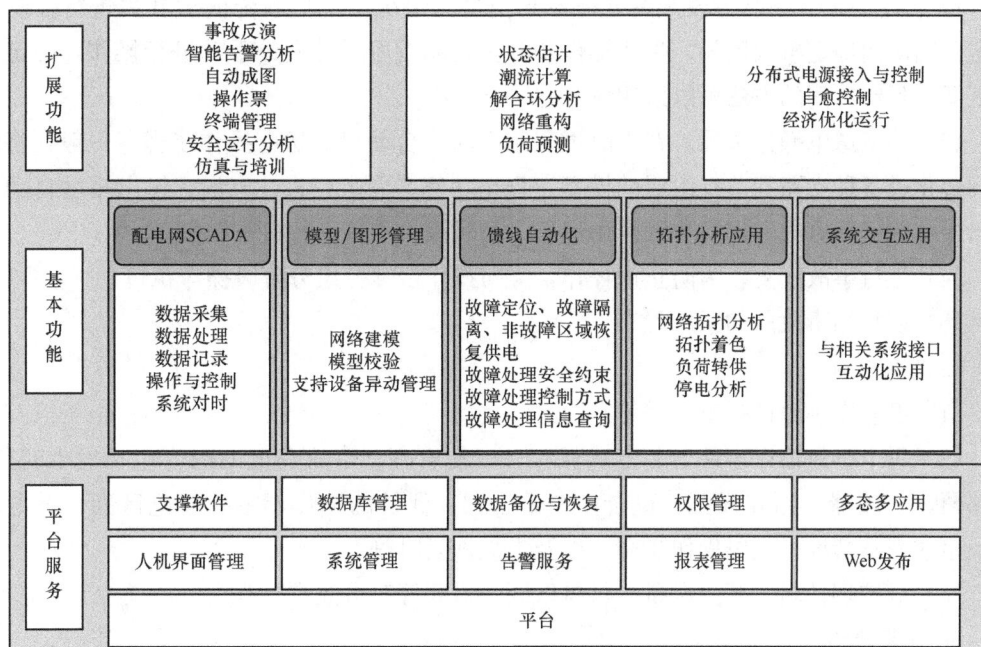

图 1-31 配电自动化主站软件架构图

（6）通过选择变电站/开关站内的设备间隔，可以显示二次回路图、趋势曲线、列表参数等。

2. 运行人员操作

（1）为了保证可靠性，操作只在规定的几台工作站上执行。操作前，必须核对安全密码，操作人员名称和安全密码应允许更改。应设置系统管理人员密码（由系统管理人员掌握）和紧急事故密码（由值班责任人掌握）。操作时，应遵循反馈检验原则。

（2）选择一条配电线路，可以生成该线路停电或送电的操作步骤，经运行人员确认后，自动执行操作。

（3）选择一台配电变压器或其他设备，可以生成该配电变压器（或其他设备）停运或投运的操作步骤，经运行人员确认后，自动执行操作。

3. 事故恢复

（1）检测出事故。事故发生的过程分 3 种情况：瞬间事故，变电站配电网出线的断路器跳闸，重合闸成功，线路自动恢复供电；有重合闸的线路发生永久性事故，变电站配电网出线的断路器跳闸，重合闸不成功，线路停电；无重合闸的线路发生永久性事故，变电站配电网出线的断路器跳闸，线路停电。事故判断的条件是断路器跳闸且保护动作。

（2）确定事故区间。

1）采用故障隔离算法。

2）试送电法：在从分段开关处得不到信息的情况下，从系统侧对开关进行控制以限定区间从而确定事故区间，生成操作步骤，自动或由运行人员手动进行操作，确定事故区间。限定区间的方法可以采用对分方法。

（3）确定送电操作步骤。在事故过程结束时，自动生成送电操作步骤。一般，将配电网转化成各种支路和节点组成的模型，根据功率、额定容量、电压、供电裕度自动确定出最佳的运行方式和切换步骤。由运行人员对操作步骤进行检查和修正。

（4）进行事故恢复。为防止误操作，应对操作步骤分组分阶段操作执行。

（5）恢复到事故前的系统状态。

4. 事故管理

（1）事故发生时进行事故登记。

（2）每个事故都以事件名的方式保存，以便管理。事故登记的内容包括发生时刻，断路器、分段器、隔离开关、重合闸、重合器、保护的动作，主要停电区间，停电范围，事故恢复情况，送电操作步骤，以及事故恢复时刻。

（3）应按事件名、开关设备、供电区间、时间等对事故进行查询。

5. 负荷转供

（1）确定供电方式。综合考虑下列情况，确定最佳的供电路径：根据供电裕度和区间负荷的大小来确定路径；优选供电裕度大的路径和区间负荷大的路径；根据运行方式，谋求与正常运行状态相近的运行状态。

（2）确定向系统最佳运行状态切换的最佳步骤。

（3）运行人员检查转供步骤。

（4）执行转供操作。

6. 借助地理信息系统（GIS）实现的实用功能

（1）根据配电终端提供的实时数据，在地理图上快速反映主接线的实时运行状况（特别是过负荷和停电状况），计算各馈线出口当月累计有功电量和无功电量，并绘制馈线出口处的负荷曲线。

（2）当供电线路发生故障时，能及时进行分析、定位，显示故障点和故障影响的区域，按网络重构算法给出网络重构的方案，并在地理图上直观显示（着色、闪烁、高亮度等）出来，辅助抢修指挥。

（3）线路过负荷时，显示过负荷线路的地理图。

（4）配电线路供电范围的分析与显示。以图形方式显示被选线路的供电区域，并对该区域内的各项指标进行统计分析。

（5）供电线路系统图的信息查询。包括架空线路、地埋电缆、电缆沟、电杆路径等。

（6）线路运行辅助管理。根据线路的地理走向分布及其周围的地理情况，确定最合理的巡检路线。

（7）沿线追踪显示。实现设备的快速定位，查看配电网沿线设备的实际地理位置、属性数据、图片档案等信息。

（8）设备缺陷管理。对所有发现的线路缺陷、线路薄弱点等信息进行分类管理。

配电自动化主站还可配置一些扩展功能模块，实现事故反演、终端管理、安全运行分析、仿真与培训、状态估计、解合环分析、网络重构、负荷预测、分布式电源接入与控制等功能。

## 二、工具准备

配电自动化实训系统。

## 任务实施

通过配电网监视、信息查询、事故处理等典型任务实施，熟悉配电自动化主站的监控界面、具体操作流程和功能应用。

配电自动化主站系统主界面如图1-32所示。

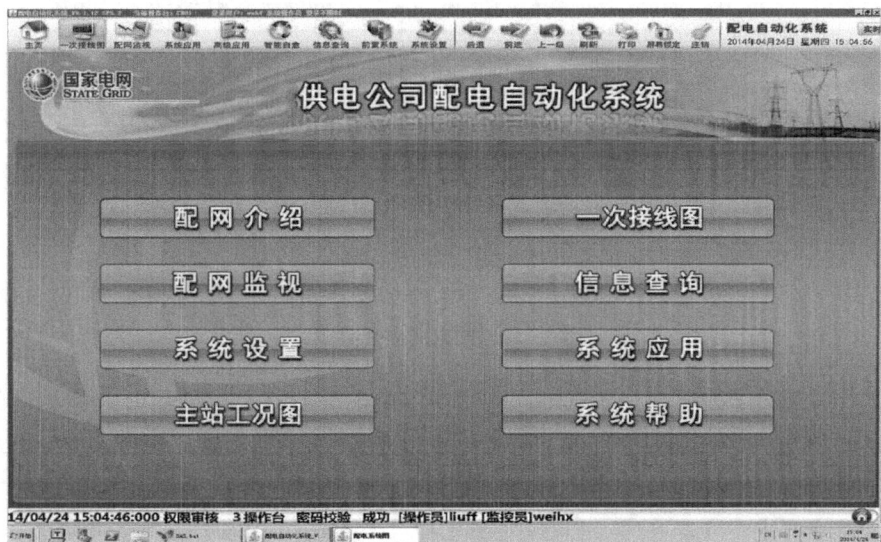

图1-32　配电自动化主站系统主界面❶

## 一、配电网用户事故监视操作

任务：配电网某用户发生故障，在配电自动化主站系统中进行监视操作。

---

❶　本书部分图片源自系统截图，未做修改。

（1）在"配电网监视"界面查看"用户事故监视"按钮，按钮变亮，代表发生事故；而按钮为普通按钮色，则为正常运行状态。

（2）发生事故后，在"用户分界开关管理"界面中，查看事故监视、异常监视、电流越限监视报文，如图1-33所示。

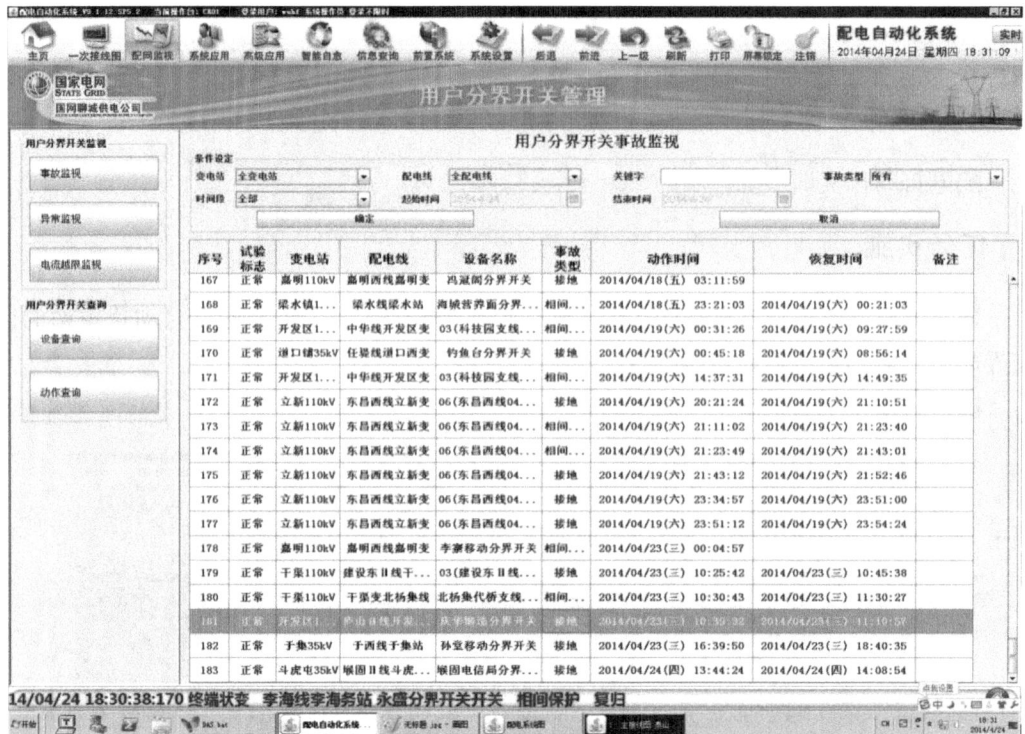

图1-33　配电网监视界面

（3）在"用户事故监视列表"中，查看当前电网中所有用户分界开关检测到的事故信息和跳闸动作。可以进行用户事故监视记录检索条件设定，设定事故所属变电站、配电线、事故类型、事故起始时间、结束时间和关键字等筛选条件，并且可以区分用户事故记录的试验标志。

（4）查看事故开关在配电系统图上的设备定位，辅助检修安排。

## 二、配电网实时数据采集

任务：查看配电网中的设备如配电变压器、配电线路的信息及状态。

1. 变电站设备状态监视

在"配电网监视"菜单中进入"变电站设备状态"界面，打开"变电站设备状态监视一览表"列表。

在变电站状态监视一览表中，查看配电网中存在的变电站设备实时状态信息。通过表格上方的设置面板，设置查询条件，筛选显示变电站设备状态信息。

2. 变电站实时数据查看

在"配电网监视"菜单中进入"变电站实时数据"界面，打开"变电站实时数据查询"列表。通过左侧设备树和数据类型的选择，查看不同变电站的遥信和遥测实时数据。

3. 配电设备状态监视

在"配电网监视"菜单中进入"配电设备状态"界面，打开"配电设备状态监视一览表"列表。

配电设备状态监视一览表中，查看配电网中相应的配电设备实时状态信息。通过表格上方的设置面板，设置查询条件，筛选显示配电设备状态信息。

4. 配电网实时数据查看

在"配电网监视"菜单中进入"配电网实时数据"界面，打开"配电设备实时数据查询"列表。通过左侧设备树和数据类型的选择，查看指定配电线路、开关站、分界室等配电网设备的遥信和遥测实时数据。

## 三、信息查询

任务：查询变电站设备参数信息、带终端设备的配置信息、系统的事件信息。

在主菜单画面选中"信息查询"按钮，进入信息查询界面，查询相关信息。

1. 查询设备参数信息

进入变电站设备参数界面，如图 1-34 所示。查看变电站内的各种设备如变压器、断路器、开关等设备的参数信息，包括设备的额定容量、额定电流、最大电流、电流互感器（TA）变比、上级厂站、低压侧开关编号等。通过左边栏中的设备树查找目标设备的参数信息。

图 1-34　变电站设备参数图

**2. 查询带终端设备的配置信息**

打开带终端设备信息界面，如图 1-35 所示，对系统中配置了终端的站外设备的终端信息进行查询监视，在该界面查询设备终端地址、标准状态以及设备的应答状态等信息。

图 1-35　带终端设备监视界面

**3. 查询系统的事件信息**

系统的事件信息包括事件记录和事件顺序记录（SOE）。

（1）事件记录查询。进入事件记录界面，在浮动窗口，查看最新的事件记录信息。

在事件记录主窗口，查看一段时间内系统事件记录的详细信息，系统任何的"风吹草动"，都会体现在事件记录窗口中。该窗口默认初始显示表格最后一页，从表格的最后一行记录向上依次按照时间从现在到过去的顺序进行显示，最新一条的事件都会即时刷新到表格的最后一行。通过事件记录窗口，即时、全面地监视系统的运行状态。

在事件记录主窗口的查询条件设定区域，设置包括时间、设备树、终端类型等各种检索条件，利用这些检索条件的简单组合，查找到需要的事件记录；输入关键字，进行模糊查询；然后查看查询结果，记录每一条事件记录的标志信息、发生时间、事项类型以及详细的事件内容信息。事件记录窗口如图 1-36 所示。

（2）SOE 记录查询。进入 SOE 记录画面，查看终端设备上送的各种状态信息。

SOE 记录与事件记录的不同在于：

1）SOE 记录是由终端上送给主站系统的状态信息，而事件记录还包括了主站系统的各种运行、操作等状态信息。

2）SOE 记录表中所显示的时间，是由终端发送给主站，精确度达 1ms，而事件记录表中所显示的时间，是以主站系统接收到事件的时间作为事件发生的时间，并且只精确到秒。

在查询条件设定区域，设置包括时间、设备树、设备类型、终端类型等各种检索条件，利用这些检索条件的简单组合，查找到需要的 SOE 记录。也可以输入关键字，进行

图1-36　事件记录窗口

模糊查询。

查看SOE记录的查询结果，记录每一条事件记录的标志信息、发生时间、事项类型以及详细的事件内容信息，SOE记录窗口如图1-37所示。

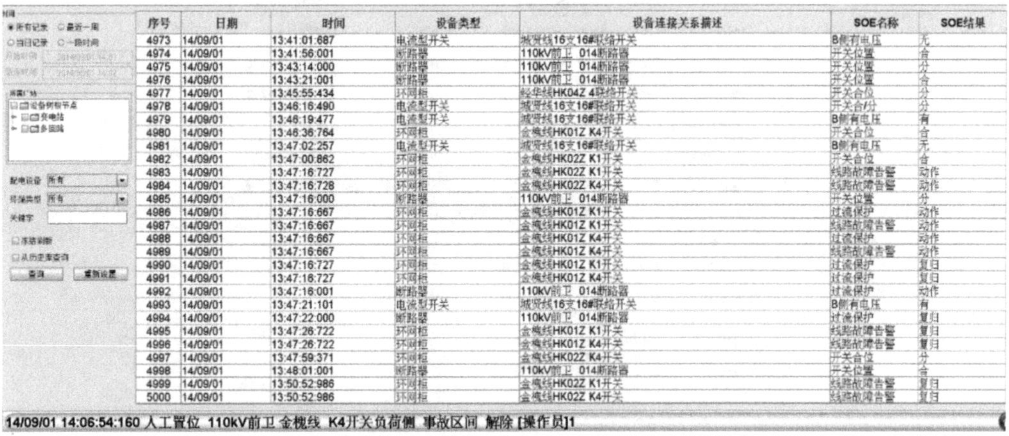

图1-37　SOE记录窗口

## 四、过负荷监视

任务：进行过负荷监视操作。

在"配电网监视"菜单选择"过负荷监视"，进入"过负荷监视图"界面。

在"过负荷监视图"界面监视当前电流值过负荷状态和2h后电流预测值过负荷状

态，查看过负荷类型、发生过负荷的变压器或配电线名、发生时间、当前电流过负荷率、2h后电流过负荷率等详细信息，过负荷监视信息如图1-38所示。

| 序号 | 过负荷类型 | 变电站名 | 变压器名或配电线名 | 发生时间 | 额定允许电流[A] | 最大允许电流[A] | 电流当前值[A] | 过负荷率[%] | 2小时后最大值[A] | 2小时后过负荷率[%] |
|---|---|---|---|---|---|---|---|---|---|---|
| 1 | 重 | 110kV新河 | 032 | 2013/11/13(三) 14:30:04 | 630 | 300 | 200 | 67 | 0 | 0 |
| 2 | 重 | 35kV新家 | 017 | 2013/11/13(三) 14:30:03 | 630 | 300 | 30 | 10 | 0 | 0 |

图1-38 过负荷监视界面

## 五、事故处理

**任务：配电电网的干线上发生事故，在配电自动化主站系统进行监视、事故处理。**

1. 配电网事故监视

在"配电网监视"界面下，查看"电网事故监视"按钮。按钮变亮，代表此时电网主干线发生故障。按钮为普通按钮色则电网处于正常运行状态。

在"电网事故监视一览表"界面，查看事故记录表，如图1-39所示。查看与事故有关的提示信息，包括事故发生时刻、事故所属变电站名、配电线名、事故内容、事故区间和事故停电信息等。

图1-39 事故记录表

2. 事故区间定位

事故发生后，系统自动进行事故区间的定位。

查看地理图或者事故线路的正交图，图上的黄色区间就是系统自动定位的事故区间。

查看"电网事故监视一览表"界面中的事故记录颜色变为黄色，表示事故处理完成。事故处理完后该记录中增加了事故发生的区间信息，并且弹出"停电用户一览表"，在"停电用户一览表"中查看事故造成的所有停电用户的详细信息。

3. 事故区间隔离

对于非自愈线路，系统会自动进行编制隔离操作票和执行隔离票的操作，实现对故障区间的隔离，同时会对电源侧的非故障停电区间进行送电操作。

在"事故记录表"中选中该事故记录，打开该记录对应的事故处理程序，在"事故处理程序表"查看整个事故处理过程中开关的动作的信息，如图1-40所示。

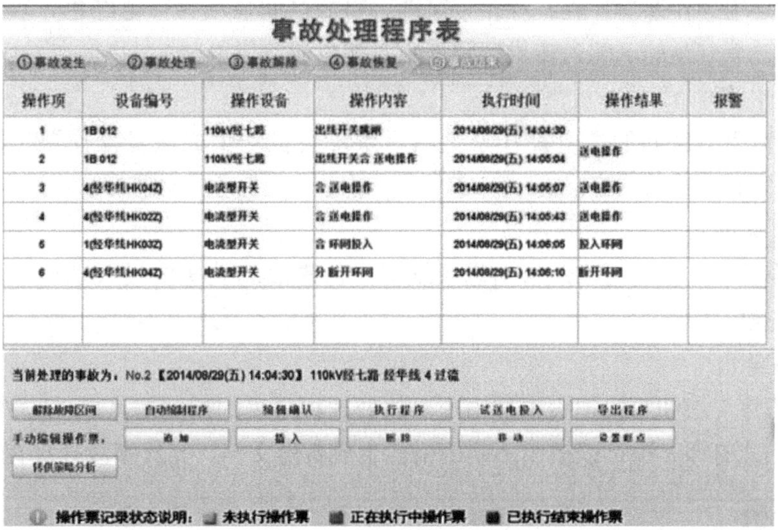

图1-40 事故处理程序表

打开事故详细记录窗口，查看事故的所有记录和关键记录，如图1-41所示。

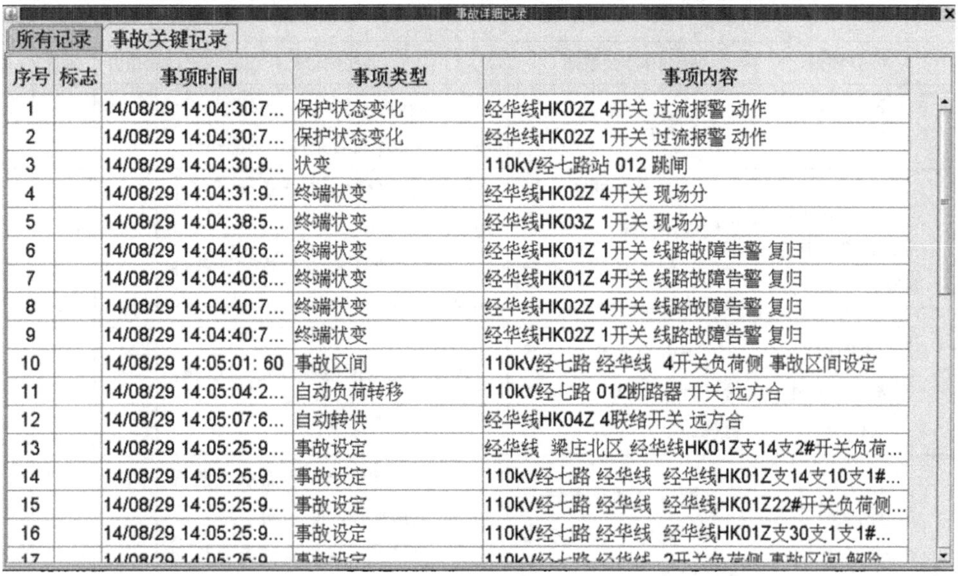

| 序号 | 标志 | 事项时间 | 事项类型 | 事项内容 |
|---|---|---|---|---|
| 1 | | 14/08/29 14:04:30:7... | 保护状态变化 | 经华线HK02Z 4开关 过流报警 动作 |
| 2 | | 14/08/29 14:04:30:7... | 保护状态变化 | 经华线HK02Z 1开关 过流报警 动作 |
| 3 | | 14/08/29 14:04:30:9... | 状变 | 110kV经七路站 012 跳闸 |
| 4 | | 14/08/29 14:04:31:9... | 终端状变 | 经华线HK02Z 4开关 现场分 |
| 5 | | 14/08/29 14:04:38:5... | 终端状变 | 经华线HK03Z 4开关 现场分 |
| 6 | | 14/08/29 14:04:40:6... | 终端状变 | 经华线HK01Z 1开关 线路故障告警 复归 |
| 7 | | 14/08/29 14:04:40:6... | 终端状变 | 经华线HK01Z 4开关 线路故障告警 复归 |
| 8 | | 14/08/29 14:04:40:7... | 终端状变 | 经华线HK02Z 4开关 线路故障告警 复归 |
| 9 | | 14/08/29 14:04:40:7... | 终端状变 | 经华线HK02Z 1开关 线路故障告警 复归 |
| 10 | | 14/08/29 14:05:01: 60 | 事故区间 | 110kV经七路 经华线 4开关负荷侧 事故区间设定 |
| 11 | | 14/08/29 14:05:04:2... | 自动负荷转移 | 110kV经七路 012断路器 开关 远方合 |
| 12 | | 14/08/29 14:05:07:6... | 自动转供 | 经华线HK04Z 4联络开关 远方合 |
| 13 | | 14/08/29 14:05:25:9... | 事故设定 | 经华线 梁庄北区 经华线HK01Z支14支2#开关负荷... |
| 14 | | 14/08/29 14:05:25:9... | 事故设定 | 110kV经七路 经华线 经华线HK01Z支14支10支1#... |
| 15 | | 14/08/29 14:05:25:9... | 事故设定 | 110kV经七路 经华线 经华线HK01Z22#开关负荷侧... |
| 16 | | 14/08/29 14:05:25:9... | 事故设定 | 110kV经七路 经华线 经华线HK01Z支30支1支1#... |
| 17 | | 14/08/29 14:05:9... | 事故设定 | 110kV经七路 经华线 2开关负荷侧 事故区间解除 |

图1-41 事故详细记录表

4. 负荷转供

对于自愈线路，系统会自动编制和执行对负荷侧非事故停电区间送电的转供票。

查看事故区间的颜色，若由黄色变为绿色，表明事故区间已解除。

在"事故处理程序表"的"自动编制"界面，进行操作票的编制，编制出对事故区间的送电操作票，"事故处理程序表"中的黄色记录即为送电操作票。选中该条黄色记录，执行该操作票，实现对事故区间的送电操作。

执行完送电操作票后，查看线路正交图，事故区间显示为带电红色，表示区间已恢复正常供电；紫红色的区间为转供区间，由对侧电源点供电。

5. 事故恢复

在执行对事故区间的送电操作票之后，系统会自动生成恢复操作票，执行该操作票，系统恢复到事故前状态。

6. 试送电投入

"试送电投入"按钮可实现自动化系统对当前事故的试送电投入功能，自动化系统自动编制试送电程序。

7. 程序导出

"导出程序"按钮可以把表中的当前事故处理程序表的相关信息以 WORD、EXCEL 和 PDF 等格式打印，也可以按照不同的格式生成备份文档，完成事故处理程序导出。

## 任务评价

本任务评价表见表 1-3。

表 1-3　　　　　　配电自动化主站认知任务评价表

| 姓名 | | 学号 | | | | |
|---|---|---|---|---|---|---|
| 序号 | 评分项目 | 评分内容及要求 | 评分标准 | 扣分 | 得分 | 备注 |
| 1 | 预备工作<br>（5分） | 安全着装 | （1）未按照规定着装，每处扣1分。<br>（2）其他不符合条件，酌情扣分 | | | |
| 2 | 配电自动化主站系统硬件和软件架构认知（10分） | （1）配电自动化主站系统硬件构成。<br>（2）配电自动化主站系统软件架构 | （1）能说明配电自动化主站硬件构成，得10分。<br>（2）能说明配电自动化主站软件架构，得10分 | | | |
| 3 | 配电网用户事故监视操作（10分） | 在配电自动化主站系统进行配电网用户事故监视操作 | 能说明配电网用户事故监视内容及步骤，得10分 | | | |
| 4 | 配电网实时数据采集（20分） | 在配电自动化主站系统进行配电网实时数据采集操作 | （1）能完成变电站设备状态监视和实时数据查看，得10分。<br>（2）能完成配电设备状态监视和实时数据查看，得10分 | | | |

续表

| 序号 | 评分项目 | 评分内容及要求 | 评分标准 | 扣分 | 得分 | 备注 |
|---|---|---|---|---|---|---|
| 5 | 信息查询<br>（15分） | （1）查询设备参数信息。<br>（2）查询带终端设备的配置信息。<br>（3）查询系统的事件信息 | （1）能查询设备参数信息，得5分。<br>（2）能查询带终端设备的配置信息，得5分。<br>（3）能查询系统的事件信息，得5分 | | | |
| 6 | 过负荷监视<br>（10分） | 进行过负荷监视操作 | 掌握过负荷监视步骤，能说明过负荷监视内容，得10分 | | | |
| 7 | 事故处理<br>（20分） | 在配电自动化主站系统完成配电网干线事故处理 | 掌握配电自动化主站系统事故处理流程及步骤，得20分 | | | |
| 8 | 综合素质<br>（10分） | （1）实训态度认真，独立完成相关知识的学习。<br>（2）严格遵守安全操作规程，实训过程中不违反有关规定 | | | | |
| 合计 | 总分100分 | | | | | |

| 任务开始时间 | 时　分 | | 实际时间 | |
|---|---|---|---|---|
| 结束时间 | 时　分 | | | 时　分 |
| 教师 | | | | |

## 任务扩展

通过某小区发生停电事故现场实际工作案例，分析配电自动化主站系统具体操作流程。

# 任务三　配电自动化通信系统认知

## 任务目标

（1）掌握配电自动化通信系统作用。
（2）掌握配电自动化通信系统构成及通信方式。
（3）掌握配电自动化通信系统运行要求。
（4）掌握 EPON 光纤通信方式。
（5）掌握无线公网和无线专网的运行特点。

## 任务描述

本任务在掌握配电自动化通信系统的构成及通信方式的基础上，通过案例熟悉

EPON 光纤通信方式的具体应用，掌握无线公网和无线专网的运行特点。

## 任务准备

### 一、知识准备

1. 配电网自动化通信系统作用

配电自动化通信系统是配电网自动化的基础，借助于完善的通信手段，将配电主站的控制命令准确地下发到供电区域内具备通信功能的各配电终端，同时各配电终端所采集的、反映远方设备运行情况的数据信息上传至配电主站（子站），从而实现配电自动化系统各功能的有效发挥。

2. 配电自动化通信系统工作模型

配电自动化通信系统工作模型如图 1-42 所示。

图 1-42　配电自动化通信系统工作模型

信源：信源（配电主站）将要传递的消息转化成相应的电信号，这种电信号通常称为基带信号。

发送设备：对基带信号进行处理和变换的设备，使基带信号处理后便于在信道中传播。

信道：传输媒介，可以是有线或无线信道。

接收设备：对接收的信号进行处理和变换以恢复出相应的基带信号的设备。

收信者：收信者（配电终端）将基带信号转化成与信源（配电主站）发送端相应的消息。

3. 配电自动化通信系统构成

配电自动化通信系统分为骨干层和接入层。

（1）骨干层通信网络是指配电子站至配电主站之间的通信通道，通道上汇聚众多配电终端设备所采集数据信息，在通信容量、传输速率上有较高的要求。

1）骨干层通信网络原则上应采用光纤传输网，光纤通信具有高速率、大容量、长距离、抗干扰能力强等诸多优点。在条件不具备的特殊情况下，也可采用其他专网通信方式作为补充。

2）骨干层网络应具备路由迂回能力和较高的生存性。为保证光纤线路的通信可靠性，网络可采用双自愈环结构，两条光纤环路互为热备用。一旦其中一条光纤环路出现断线等故障，保护环可以在极短时间内完成路由倒换，从而保证配电通信网主动脉可靠运行。

（2）接入层通信网络是指配电子站至配电终端的通信通道，配电终端多与柱上开关、环网柜、开关站、配电室、配电变压器等配电设备安装在一起。由于其配电终端数量庞大、分布范围广、现场运行环境差等特点，接入层通信网是配电通信网运维的难点和重点。配电通信接入层实现方式主要包括光纤专网、配电线载波、无线专网和无线公网。

1）光纤专网通信方式宜选择以太网无源光网络、工业以太网等光纤以太网技术。

2）配电线载波通信方式可选择电缆屏蔽层载波等技术。

3）无线专网通信方式宜选择符合国际标准、多厂家支持的宽带技术。

4）无线公网通信方式宜选择 GPRS/CDMA/3G 通信技术。

配电自动化通信系统构成如图 1-43 所示。

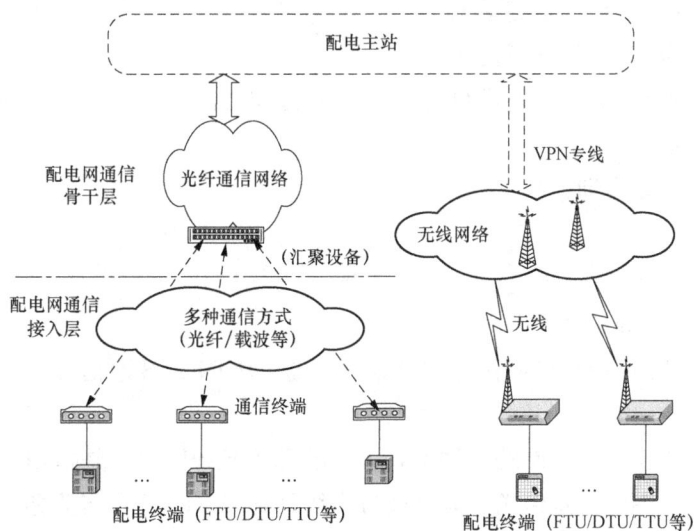

图 1-43 配电自动化通信系统构成

4. 配电自动化通信系统运行要求

（1）可靠性。配电终端常暴露在室外，要求通信系统在恶劣环境下能可靠地工作，并且对于重要信息点须实施链路冗余保护。

（2）经济性。配电网通信终端数量众多、信息采集点面广量大。通信线缆应该尽可能利用原有配电电缆管道，避免重新开掘，节省大量成本。

（3）规范性。通信组网方式应该尽可能遵循原有配电线缆的网络结构，实现配电终端与通信设备的位置趋于一致。

（4）快速性。通信速率进线监视、10kV 开关站、变电站监控和馈线自动化对速率的要求最高；其次是公用配电变压器的巡检和负荷监控系统；远方抄表和计费自动化对速率要求最低。

（5）扩展性。配电网通信网随着城市的发展规模不断扩大，其信息采集点具有不可一次预测性，因此要求通信网络具备高度适应性和扩展性。

（6）安全性。采用公网无线通信作为信息传送通道时，应充分考虑公网与电力专网的安全隔离措施，以提高无线通信的安全性。

5.通信规约

通信规约是指调度端和执行端通信时共同使用的人工语言的语法规则及应答关系。规约规定怎样开始/结束通信、谁管理通信、怎样传输信息、数据是怎样表示和保护的、工作机理、支持的数据类、支持的命令以及怎样检测/纠错等内容。调度端和执行端只有使用相同的通信规约，彼此才能明白对方所发信息的意义，通信才能正常进行。

## 二、工具准备

（1）站所终端 DTU 通信终端 ONU。

（2）馈线终端 FTU 无线通信终端。

（3）通信终端 ONU、分光器 ODN、光线路终端 OLT。

（4）光纤导线。

（5）配电自动化实训系统。

## ⌨ 任务实施

案例 1：光纤通信方式分析

某环网柜站所终端 DTU 到配电主站采用的是 EPON 光纤通信方式，分析通信系统工作流程。

（1）EPON 是基于以太网的一种点到多点的无源光纤网络，是指用光纤作为主要传输媒质，实现接入网的信息传送功能。通过光线路终端（OLT）与业务节点相连，通过光网络单元（ONU）与用户连接。光纤接入网主要由网络侧的光线路终端（OLT）、用户侧的光网络单元（ONU）、中间的分光器（ODN）组成。由于光分光器不需要外部电源，所以称之为无源光纤传输。

（2）站所终端 DTU 通信端口通过网线与通信终端 ONU 上行 PON 口相连，建立站所终端 DTU 与通信终端 ONU 的通信连接。

ONU 上行提供 2 个 PON 口，提供多个以太网接口用于组网的灵活扩充，提供 RS-485/RS-232 直接用于电力设备的信息采集设备。通信终端 ONU 如图 1-44 所示。

图 1-44　通信终端 ONU

（3）通信终端 ONU 通过光纤将信息上传给分光器 ODN。光网络系统需要将光信号进行耦合、分支、分配，这就需要分光器 ODN 来实现。分光器 ODN 是一个连接 OLT 和 ONU 的无源设备，它的功能是分发下行数据，并集中上行数据。分光器 ODN 带有一个上行光接口、若干下行光接口，一般分为 $1:2$、$1:8$、$1:16$、$1:32$ 五种分支比。分光器 ODN 如图 1-45 所示。

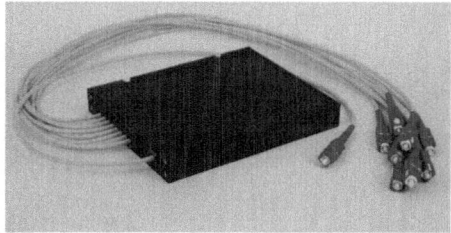

图 1-45 分光器 ODN

（4）分光器 ODN 把通信终端 ONU 光纤上传光信号耦合到馈线光纤并传输至光线路终端 OLT。光线路终端 OLT 为光纤接入网提供骨干层与接入层之间的接口，是主要的管理中心，实现网络管理，与汇聚交换机用网线或光纤上联，用单根光纤与用户端的分光器互联，实现对通信终端 ONU 的控制、管理、测距等功能。光线路终端 OLT 如图1-46 所示。

图 1-46 光线路终端 OLT

（5）OLT 与配电主站网线连接，通过通信规约建立通信连接，实现对站所终端 DTU 的数据信息采集、控制命令下发等信息交互功能。

（6）网络安全防护措施：

1）在 EPON 的上行和下行数据中对业务数据进行三重搅动和 AES-128 两种方式的加密，并定期更新密钥，防止非法的 ONU 获取数据。

2）ONU 注册认证功能，屏蔽非法 ONU 的加入，进一步保证数据的安全性。

（7）手拉手结构组成通信网络结构，保证通信网络架构运行的可靠性。手拉手通信网络结构如图 1-47 所示。

案例 2：无线公网和无线专网运行对比

某变电站有两条架空线路出线，负责对各自供电区域供电，两条线路上的配电终端分别采用无线公网和无线专网两种通信模式，对比两条线路通信运行特点。

1. 通信建设

（1）采用无线公网通信方式，具有网络覆盖面积广、系统容量大、投资小经济可行、施工周期较短、能快速组网通信等优点，不仅可以很快搭建配电通信网通道，后期网络设备维护全部由运营商负责，只需定期支付流量费用，从而大大减轻配电网管理压力和运行维护费用。同时，无线公网通信具有良好的扩展性和灵活性，网络中加入新节点时，只需添加相应 GPRS 通信模块即可，对于配电网中数量众多、地理位置分散的配电终端特别便于组网覆盖。

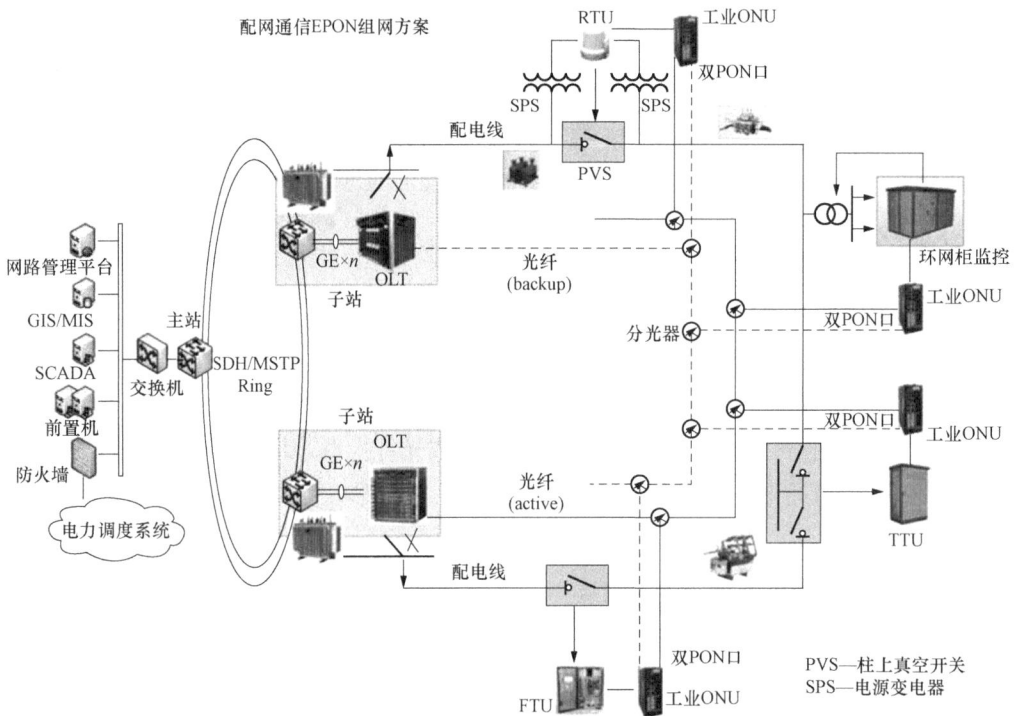

图 1-47 手拉手通信网络结构

（2）采用无线专网通信方式，电力部门需要建设众多的基站才可实现配电网覆盖，建设运行维护成本较高。

2. 通信运营

（1）采用无线公网通信方式，带宽较低，很难满足配电网终端接入需求，实时性、扩展性及运行维护受制于运营商。

（2）采用无线专网通信方式，无线专网的 WIMAX 技术日益成熟，具有覆盖范围大、传输速度高、可靠性高、实时性好、易维护等诸多优点，但由于频谱资源、技术标准及信息安全性等因素应用受限。

3. 技术要求

（1）采用无线公网通信方式，应建立电力专用 VPN 通道，无线公网通信能满足遥信、遥测等数据业务的要求，但不能传送遥控信息，接入配电主站系统时，应充分考虑无线公网与电力专网的安全隔离措施。无线公网通信多应用于城乡接合部和郊区线路以及实时性要求不高的配电终端，例如配电变压器终端 TTU 及负荷控制终端。

（2）采用无线专网通信方式，其信息安全性高，可以进行遥信、遥测、遥控信息的传递。在配电网系统中为保证一次设备的安全运行，实现遥控功能必须采用无线专网通信方式。

## 任务评价

本任务评价见表1-4。

表1-4　　　　　　　　　　　配电自动化通信系统认知任务评价表

| 姓名 | | 学号 | | | | | |
|---|---|---|---|---|---|---|---|
| 序号 | 评分项目 | 评分内容及要求 | 评分标准 | 扣分 | 得分 | 备注 | |
| 1 | 预备工作（5分） | 安全着装 | （1）未按照规定着装，每处扣1分。<br>（2）其他不符合条件，酌情扣分 | | | | |
| 2 | 配电自动化通信系统构成（35分） | （1）骨干层通信网络的作用及要求。<br>（2）接入层通信网络的作用及要求。<br>（3）配电自动化通信系统结构图。<br>（4）配电自动化通信系统运行要求 | （1）能说明骨干层通信网络的作用及要求，得10分。<br>（2）能说明接入层通信网络的作用及要求，得10分。<br>（3）能绘制配电自动化通信系统结构图，得10分。<br>（4）能说明配电自动化通信系统运行要求，得5分 | | | | |
| 3 | EPON光纤通信网分析（30分） | （1）ONU的功能作用。<br>（2）ODN的功能作用。<br>（3）OLT的功能作用 | （1）能说明ONU的功能作用，得10分。<br>（2）能说明ODN的功能作用，得10分。<br>（3）能说明OLT的功能作用，得10分 | | | | |
| 4 | 无线通信方式分析（20分） | （1）无线公网运行特点。<br>（2）无线公网运行特点 | 能对比说明无线公网、无线专网运行特点，得20分 | | | | |
| 5 | 综合素质（10分） | （1）实训态度认真，独立完成相关知识的学习。<br>（2）严格遵守安全操作规程，实训过程中不违反有关规定 | | | | | |
| 合计 | 总分100分 | | | | | | |
| 任务开始时间　　时　　分<br>结束时间　　时　　分 | | | | 实际时间<br>时　　分 | | | |
| 教师 | | | | | | | |

## 任务扩展

随着5G通信技术的应用，配电自动化通信的无线通信方式，将会逐步采用5G通信方式，了解5G通信在配电自动化通信系统应用中的技术特点及发展趋势。

## 【情境总结】

通过本情境的系统学习和实训操作,学生在掌握配电自动化系统的组成架构、功能作用及配电终端类别的基础上,通过绘制辐射式、多分段适度联络架空网网架结构图,以及单环式、双环式电缆网网架结构图,掌握配电网典型网架结构的应用;通过案例认识"二遥""三遥"基本型、标准型、动作型配电终端的功能应用特点;通过就地型和集中型馈线自动化的故障处理分析,更深入理解配电自动化的作用;了解配电自动化主站的硬件架构、软件架构,掌握配电自动化主站的功能模块和典型功能;通过配电网用户事故监视、实时数据采集、信息查询、过负荷监视、事故处理典型工作任务的实施,掌握主站的操作流程,操作界面各功能环节的应用,从而了解主站调度人员的岗位能力要求;掌握配电自动化通信系统的构成及通信方式,通过案例熟悉 EPON 光纤通信的工作流程,掌握硬件设备 OLT、ODN、ONU 的功能,对比无线公网和无线专网在通信建设、运行方式、技术要求,掌握无线公网和无线专网运行特点。熟悉《国家电网公司电力安全工作规程(配电部分)(试行)》,掌握配电网二次系统安全技术规范,为现场实际工作提供安全保障。本情境三个工作任务的实施,使学生全面掌握配电自动化系统的构成、功能和应用。

# 馈线终端 FTU 的调试与运维

## 【情境描述】

馈线终端 FTU 主要用于对柱上开关设备的各种运行参数的监视、测量、控制和故障识别及隔离。情境中涵盖两项工作任务，分别是馈线终端 FTU 的功能调试、馈线终端 FTU 的运行维护。核心知识点是馈线终端 FTU 的基本结构与功能，关键技能项包括正确识读馈线终端 FTU 二次回路图、馈线终端 FTU 功能调试、常见缺陷分析、判断和处理。

## 【情境目标】

1. 知识目标

熟悉配电终端应用功能；掌握馈线终端 FTU 的结构与功能；熟悉配电终端运维管理；熟悉设备信息点表。

2. 能力目标

能够正确识读馈线终端 FTU 二次回路图；能够对柱上开关设备进行规范操作；能够正确使用继电保护测试仪、终端测试软件；能够对馈线终端 FTU 进行功能调试；能够对馈线终端 FTU 进行日常运行维护，正确填写巡视检查记录表；能够对馈线终端 FTU 常见缺陷进行分析、判断和处理。

3. 素质目标

牢固树立馈线终端 FTU 调试与运维过程中的安全风险防范意识，工作过程严谨认真，培养良好的职业道德。

## 任务一　馈线终端 FTU 的功能调试

### 🖮 任务目标

（1）熟悉配电终端的应用功能。

（2）掌握馈线终端 FTU 的结构组成。

（3）掌握馈线终端 FTU 的应用功能。

（4）能够正确识读馈线终端 FTU 二次回路图。

（5）能够对柱上开关设备进行规范操作。

（6）能够正确使用继电保护测试仪、终端测试软件。

（7）能够对馈线终端 FTU 进行功能调试，并对测试结果进行正确分析。

## 任务描述

本任务在掌握馈线终端 FTU 的结构组成、功能应用的基础上，完成馈线终端 FTU 的功能调试，主要项目包括通电调试前检查，遥信、遥测、遥控、继电保护功能检验、联调传动调试等。通过功能调试，检验馈线终端 FTU 设备的各项技术参数是否满足设备运行要求。

## 任务准备

### 一、知识准备

（一）一次系统图

实训室设备一次系统图如图 2-1 所示。

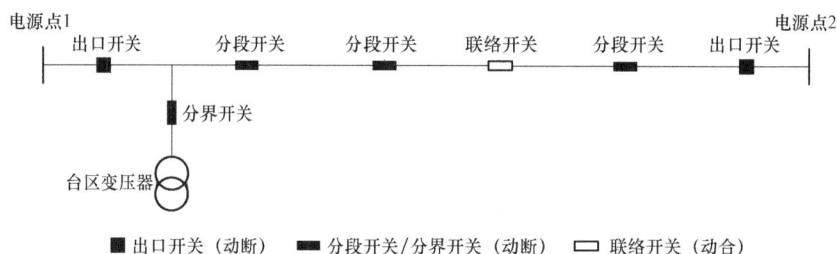

图 2-1　实训室设备一次系统图

实训室一次设备由两个电源点供电，有两个出口开关、三个分段开关、一个联络开关、一个分界开关。每个柱上开关配置一套馈线终端 FTU。

（二）罩式馈线终端 FTU 结构与功能

1. 盘面

馈线终端 FTU 盘面主要部件：电流/电压采集航空插座（TA）、控制/信号航空插座（LS）、以太网口航空插座（COM）、电源/电压航空插座（SPS）、后备电池航空插座（BATT）、告警指示灯（ALARM）、就地合分闸转换开关、维护窗、接地螺栓等。馈线终端 FTU 盘面如图 2-2 所示。

2. 维护窗

打开维护窗盖后，即可见维护窗面板。维护窗面板布局如图 2-3 所示。

（1）状态指示灯。根据状态指示灯可以了解馈线终端 FTU 的运行状态、柱上开关

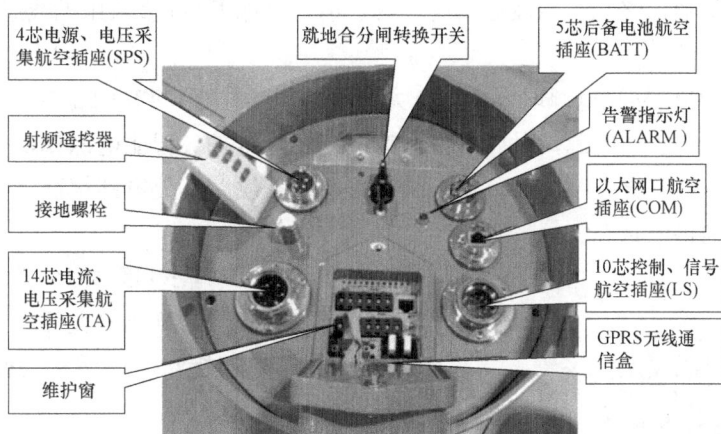

图 2-2 FTU 盘面示意图

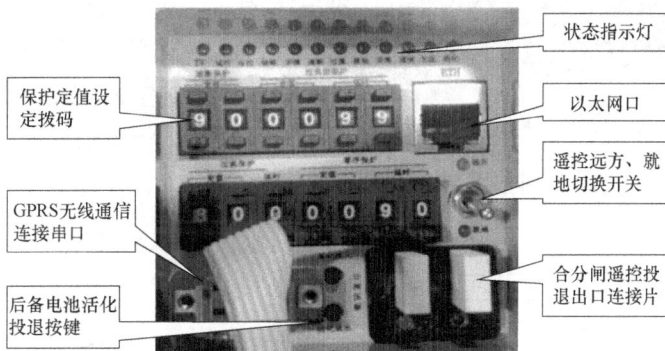

图 2-3 维护窗面板示意图

的合分闸状态、保护是否动作等。

（2）遥控连接片。馈线终端 FTU 带遥控出口连接片，在硬件层控制合分闸遥控的投入与退出，连接片的投入与退出只需将插件插到相应的位置即可。

（3）后备电池活化投退。馈线终端 FTU 的后备电源既可以是超级电容也可以是蓄电池，可根据实际情况进行选配，若选择蓄电池为后备电源，则需定期对电池进行活化操作。终端的维护窗面板上电池状态指示灯以及电池活化投退按键，可以快捷简单地对电池进行活化维护操作。同时也可支持远程遥控活化或软件定时活化功能。

（4）设定定值。维护窗盖上贴有保护定值表，在维护窗操作面板上可对保护定值进行修改，如速断保护电流定值、相间保护过电流定值、相间保护延时定值、零序保护电流定值、零序保护延时定值、过负荷保护电路定值、过负荷保护延时定值等，根据现场的实际情况与各保护定值表选择合适的挡位。

3. 通信终端

根据所接入的通道类型的不同，通信终端包括光纤通信终端（光以太网交换机、

ONU 等）、无线通信终端、载波通信终端等。馈线终端 FTU 多采用无线通信模式。

4. 电源系统

馈线终端 FTU 交流电源取自柱上开关双侧电压互感器（TV）220V，经智能电源模块为整个装置提供工作电源，对后备蓄电池进行智能维护。智能电源提供双电源无缝供电功能，任何一路有电，系统都可正常供电，在两条线路都无电的情况下，系统自动切换到后备蓄电池供电状态。

5. 馈线终端 FTU 与柱上开关连接

馈线终端 FTU 与柱上开关本体通过航空接插头电缆连接，保证连接的密闭性和可靠性，如图 2-4 所示。

配置 1 只 14 芯航空插座、1 只 10 芯航空插座、1 只 4 芯航空插座、1 只 5 芯航空插座和一只 RJ-45 航空插座。

14 芯航空插座用于传输电流、电压传感器信号。10 芯航空插座用于传输储能、分合闸控制和断路器状态信号。一次开关与馈线

图 2-4　馈线终端 FTU 与柱上开关连接

终端 FTU 的连接电缆示意图如图 2-5 所示。

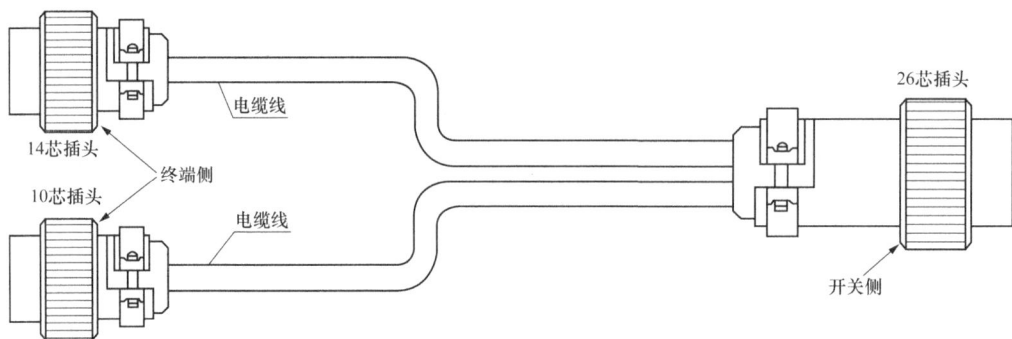

图 2-5　一次开关与馈线终端 FTU 的连接电缆示意图

4 芯航空插座用于传输电源电压互感器 TV 的电压信号。TV 与馈线终端 FTU 的连接电缆示意图如图 2-6 所示。

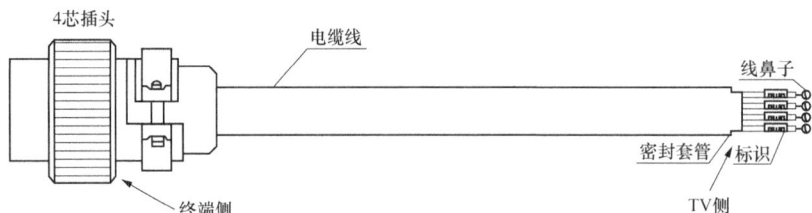

图 2-6　TV 与馈线终端 FTU 的连接电缆示意图

5 芯航空插座用于扩展串口与外接蓄电池。馈线终端 FTU 蓄电池、串口 RS-232 连接电缆示意图如图 2-7 所示。

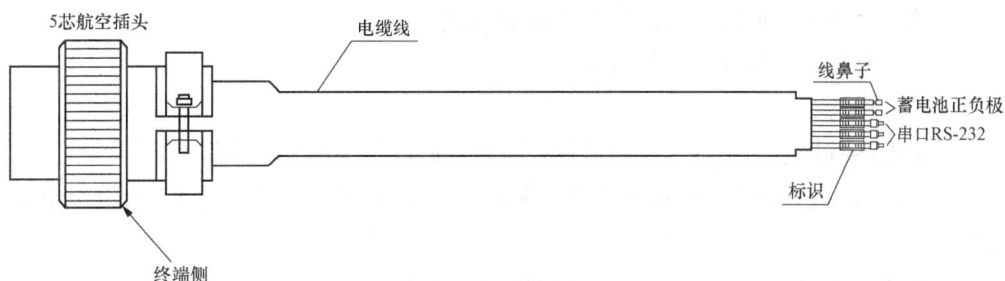

图 2-7　馈线终端 FTU 蓄电池、串口 RS-232 连接电缆示意图

RJ-45 航空插座用于扩展以太网口。光纤通信箱与馈线终端 FTU 通信连接电缆示意图如图 2-8 所示。

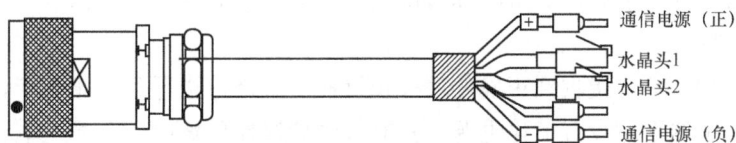

图 2-8　光纤通信箱与馈线终端 FTU 通信连接电缆示意图

6. 馈线终端 FTU 现场安装

馈线终端 FTU 与柱上开关现场安装如图 2-9 所示，馈线终端 FTU 安装距地面 2.5m 以上，提高现场应用安全度，馈线终端 FTU 后备电源及通信箱体固定在馈线终端 FTU 的背面，方便电源及通信电缆能正常接入。使用射频遥控器可以近距离对柱上开关进行遥控操作。

（三）配电终端应用功能

1. 遥控、遥测、遥信功能

（1）遥控功能。

1）配电终端接受并执行来自主站或子站的遥控命令，完成开关的分合闸操作，也可以实现保护功能的自动分闸。

图 2-9　馈线终端 FTU 与柱上开关现场安装图

2）具有远方/自锁/就地转换开关。转换开关置于"就地"状态，可就地实现开关

的分合闸操作。

3）分别记录并保存主站及当地遥控记录。

4）软硬件防误动措施，保证控制操作的可靠性。

5）遥控触点可设置动作保持时间。

遥控控制流程：

1）配电终端接收到主站下发的遥控预置命令后，检验遥控命令的正确性。

2）遥控命令正确时，配电终端合上控制对象继电器，检测对象继电器动作是否正确。

3）对象继电器正确动作后，配电终端向主站发送遥控正确返校应答。

4）主站接收到遥控正确返校应答后，下发遥控执行或遥控撤销命令。

5）配电终端接收到遥控执行命令后，合上执行继电器，经设置的遥控持续时间后，断开执行继电器及对象继电器，同时断开输出继电器电源。

6）当交流电源失电后，后备电源可以进行 2 次以上的分合操作。

遥控保护措施：

1）软件保护：只有接收到正确的遥控预置命令及遥控执行命令才动作。

2）出口继电器平时没有工作电源，只有接收到遥控预置命令后才上电。

3）软硬件结合的控制闭锁，保证终端运行不正常时控制闭锁。

4）对象继电器的硬件返校，确保对象继电器误动时控制不动作。

5）电源控制继电器、对象继电器、执行继电器顺序动作时，才有控制输出，加大了控制的可靠性。

（2）遥测功能。

遥测量采集包括 $U_{ab}$、$I_a$、$I_b$、$I_c$、$I_0$ 和频率等模拟量，采集超级电容电压直流量。

（3）遥信功能。

遥信量（YX）采集包括：

1）采集开关合、分状态量信息。

2）采集终端电源状态信息。

3）采集终端故障、异常信息等虚拟遥信。

4）遥测速断、过电流、零序等虚拟遥信。

5）采集开关储能状态。

2. 参数设置功能

配电终端具有参数远方设置功能和当地设置功能，具备以下指示及设定内容：

（1）接收主站或子站的参数设置及定值修改，子站或主站可随时召唤终端的当前整定值。

（2）设置定值整定拨码或按键，操作可靠、显示直观，可设置如下参数：

1）零序电流定值、保护动作时限。

2）过电流保护动作电流定值、保护动作时限。

3）速断保护动作电流定值。

（3）设置保护功能投退。

**3. 电源失电保护功能**

终端电源失电时，终端的实时信息在内部掉电保护的存储器（SRAM）中保存。

**4. 对时功能**

终端具备主站及终端自身对时功能，可以通过维护软件或者主站对时命令对终端进行对时。

**5. 自诊断功能**

装置在正常运行时定时自检，自检的对象包括 CPU、设定值、开出回路、采样通道、$E^2PROM$ 等各部分。自检异常时，发出告警报告，点亮告警指示灯，并且闭锁合分闸回路。

**6. 历史记录及上报功能**

装置应具有线路故障 SOE，可反映故障发生时的故障性质（如单相接地、过负荷、短路）、故障发生时间、故障时的电流值以及当时配电终端的整定值。SOE 数量应不小于 100 条。

记录系统真实遥信信息及故障发生、系统运行状态信息。

（1）告警记录，主要对 A/B/C 相短路、$I_0$ 过电流、A/B/C 相过电流进行检测，并上报。

（2）遥控信息，记录遥控发生的时刻、状态及类型，并上报。

（3）遥信变位记录，记录遥信变位的时间及状态，并上报。

**7. 故障检测**

（1）故障检测功能：

1）零序过电流检测。

2）线路两相过电流检测。

3）线路一相电压检测。

（2）故障判别功能：配电终端根据采集的电流大小及设置的定值，能够判别故障电流、快速计算故障电流大小，进行比较，并将故障信息及性质主动上报给主站或子站（状态变位优先传送），以便进行故障隔离。

（3）遥测越限检测功能：

1）电流越限检测。

2）电压越限检测。

配电终端根据采集的电流大小及设置的定值，能够判别线路电压、电流及零序电压电流、快速计算电压、电流及零序电压电流大小，进行比较，越限信息将以遥信形式产生 SOE 记录，主动上报给主站或子站。

（4）保护动作功能：根据故障检测的结果，与所控制的一次设备开关配合，实现负荷侧过电流保护、单相接地故障的自动切除和相间短路故障的自动隔离等功能，即实现过负荷保护、零序保护和相间保护功能。

8. 环网功能

当馈线终端 FTU 控制对象为联络开关时，根据一侧或两侧 TV 受电状态，按整定值自动控制开关合分，在开关双侧有电时，禁止联络开关合闸。需要联网运行的，主站要进行专门设置和确认。当一侧失电时，根据馈线自动化方案和主站设置，设置自动合闸的，自动控制合闸，迅速恢复供电。

9. 通信功能

配套 GPRS 通信模块与主站进行通信，具有遥测、遥信、遥控功能，通信配置包括以太网口和串行通信口：

（1）基本配置 1 个以太网口，支持 10/100BASE - T 自适应以太网络通信。

（2）基本配置 1 个维护口，支持 RS - 245/RS - 232 通信。

（3）支持的通信方式：支持无线通信（GPRS），支持通信口多种规约灵活配置。

（4）多个通信口实现与多个主站和子站进行通信。

（5）支持 IEC 60870 - 5 - 101、IEC 60870 - 5 - 104、DNP3.0 等多种通信规约与主站和子站进行通信。

（6）当地调试功能。

1）配电终端有专用调试接口 RS - 232，供便携机当地调试使用。

2）配电终端面板上配有运行指示灯、电源指示灯、储能指示灯、合位指示灯、线路故障指示灯等。

（四）设备信息点表

配电自动化系统中的各配电终端，其所有状态信息要按照规范和标准进行编号，使配电终端的信息编号和主站监视、控制的配电终端设备的信息编号相互对应。配电终端在接入系统的过程中，普遍采用对配电终端远动信息点表进行逐点实际传动的方式，来验证主站系统到配电终端各环节工作的正确性，以保证调控运行人员对各配电终端的遥信、遥测等实时运行信息监视的准确性和实施遥控操作的安全性、可靠性。

## 二、工具准备

（1）柱上开关一、二次成套化设备。

（2）配电自动化实训系统。

（3）馈线终端 FTU 设备。

（4）交流 220V 电源。

（5）继电保护测试仪。

（6）维护终端笔记本计算机（含终端测试软件）。

（7）数字万用表、钳形电流表、绝缘电阻表。

（8）螺钉旋具等常用电工工具。

（9）低压验电器。

### 三、材料准备

（1）专用测试航空接插头电缆（首端为航空插头，末端为测试端子排），如图 2-10 所示。

（2）红色、黄色、蓝色、黑色、双色测试导线若干条。

（3）金属测试夹若干。

（4）馈线终端 FTU 技术使用产品说明书。

（5）馈线终端 FTU 航空接插头电缆定义图。

（6）馈线终端 FTU 测试软件使用手册。

（7）设备信息点表。

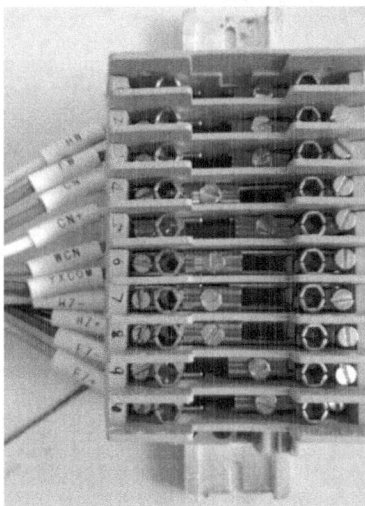

图 2-10 专用测试航空接插头
电缆端子排

### 四、人员准备

（1）指导教师必须保证两名以上，教师及学生应着长袖工作服，实训操作时应佩戴安全帽，柱上开关一次设备倒闸操作应戴绝缘手套。

（2）每 5～6 名学生分为一组，在教师指导下各组学生轮流进行实际操作，每组学生设置一名专职安全监护人，全程对实训各环节进行安全监护。

（3）教师做规范演示后，学生按要求进行测试接线，教师对测试接线进行检查确认后，方可进行通电测试。

（4）调试前，首先应熟悉馈线终端 FTU 的结构功能、航空接插头电缆定义图、技术使用产品说明书及测试软件使用手册。

### 五、场地准备

（1）配电自动化实训现场配备合格、充足的安全工器具，并规范使用。

（2）实训现场具备明显的应急疏散标识，教师告知疏散路线。

（3）柱上开关前铺设绝缘垫，装设围栏，并悬挂"有电危险"标志牌。

（4）终端调试区周围装设围栏或拉警戒线。

### 六、工作危险点分析及防范措施

（1）馈线终端 FTU 通电之前，应仔细检查，确认装置外壳可靠接地。测试过程中

TA、TV 的二次侧均会产生危害人身安全的高电压，在进行测试时应小心，严格遵守相关操作规程。

（2）通电测试必须保证老师全程指导，学生不能擅自进行操作。

（3）一、二次设备联调，柱上开关的分合闸操作，严格执行有关安全操作规程。

（4）严禁馈线终端 FTU 带电情况下插拔终端航空插头，禁止将航空插头与连接线弯曲至 45°以上。

## 任务实施

### 一、通电调试前检查

（1）检查馈线终端 FTU 交流电源的相线、中性线、直流电源正负极是否正确，不能接反。用验电笔判断交流电源的相线、中性线接线是否正确。用万用表直流电压挡判断直流电源正、负极是否正确。

（2）检查馈线终端 FTU 各航空接插头连接是否牢固。用手紧固馈线终端 FTU 各航空接插头，观察是否有松动现象。

（3）检查馈线终端 FTU 直流电源是否正常。

（4）检查馈线终端 FTU 接地端子的接地是否可靠。用扳手对接地端子进行紧固检查，保证接地安全可靠。

以上检查如发现有故障，及时排除故障点，如不能修复，中止调试。检查完毕后通电，馈线终端 FTU 操作面板上的运行灯点亮。

### 二、终端测试软件与馈线终端 FTU 通信连接

馈线终端 FTU 与维护终端笔记本计算机建立通信连接，是对终端设备进行参数设置、功能调试的基本条件，工作流程如下。

（一）维护终端笔记本电脑网络设置

本步骤对计算机 IP 地址进行设置，建立维护终端笔记本计算机与馈线终端 FTU 的通信联系。

使用网线把馈线终端 FTU 的网口与维护终端笔记本计算机的网口相连接（也可使用串口建立连接，但网线更常用），更改计算机 IP。馈线终端 FTU 初始 IP 若是 192.166.0.2，计算机 IP 需要更改成 192.166.0.×××（保证设备在同一网段），最后的×××设置为 3～255 的任意数，否则无法正常连接至设备，如图 2-11 所示。

（二）终端测试软件网络通信配置

本步骤是设置馈线终端 FTU 的网络端口 IP 地址或者通信串口的配置，实现计算机与终端测试软件的信息传递。

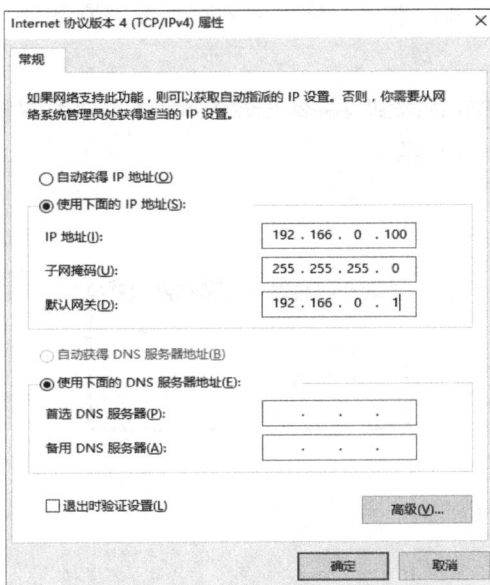

图 2-11　维护终端笔记本计算机网络设置

打开终端测试软件，进入登录界面，输入用户的用户名和密码，单击"登录"，即可进入。如图 2-12 所示，单击工具栏中的"通信参数"快捷工具，弹出通信参数设置对话框。

选用网络连接（如果用串口线连接，则选择串口），保存参数。在"IP 地址"框中输入馈线终端 FTU 的 IP 地址，单击"保存"按钮，在弹出"保存通信参数成功"提示框后，点击"确定"，完成网络通信参数设置，网络通信配置如图 2-13 所示。

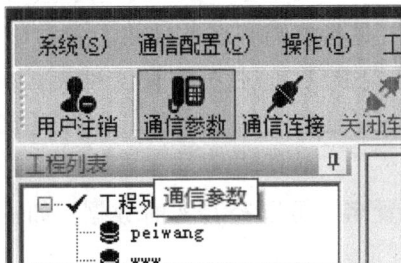

图 2-12　点击通信参数

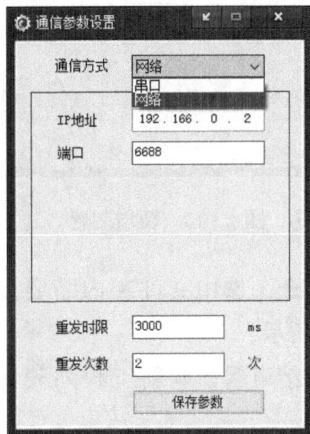

图 2-13　馈线终端 FTU 网络通信配置

通信参数配置完成后，点击工具栏中的"通信连接"，连接成功后日志区会有报文显示。

再点击工具栏中"时钟"选项，日志区一直有报文刷新即设备连接成功，如图 2 - 14 所示。

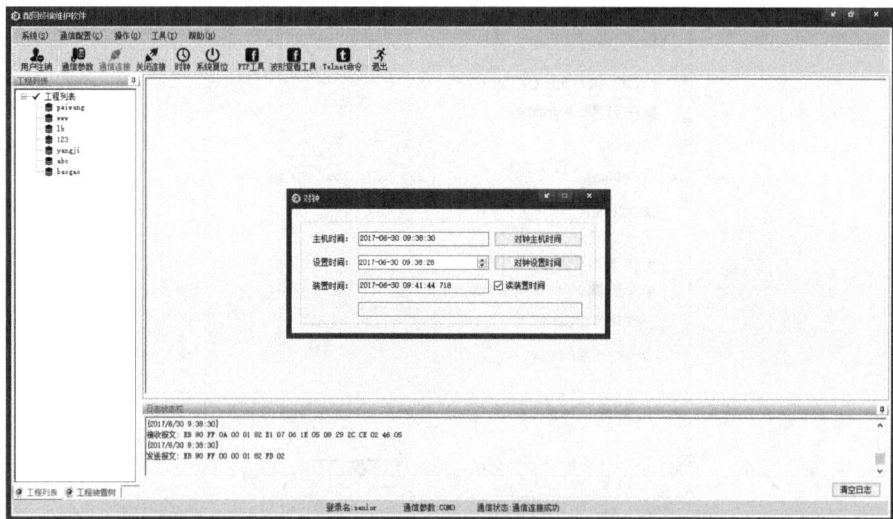

图 2 - 14　通信连接成功

（三）馈线终端 FTU 参数设置

本步骤是当终端设备与维护终端笔记本计算机实现通信连接后，上装进入实时数据界面，查看设备的状态信息，也可进行参数设置。

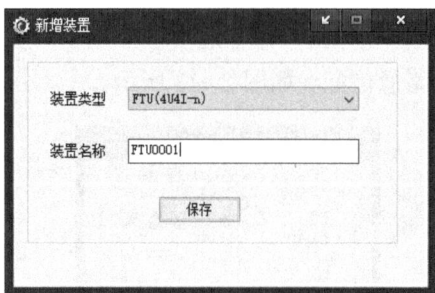

图 2 - 15　新增装置

建立通信连接后新建工程列表，再新建装置，罩式馈线终端 FTU 装置类型选中"FTU（4U4I - n）"，若为箱式馈线终端 FTU 则选中"FTU（8U8I）"，如图 2 - 15 所示。

右键点击新建的装置馈线终端 FTU0001，再点击文件上下装（此处"上装"是指将馈线终端 FTU 中的配置参数上传给终端测试软件，"下装"是指终端测试软件将配置参数下送给馈线终端 FTU），打开右侧文件夹，找到 par 文件夹打开。选中文件夹内需要用到的文件或 par 文件夹整体上装，备份到本地，如图 2 - 16 所示。

上装结束后，刷新工程列表，右键点击装置名，可以查看实时数据，如图 2 - 17 所示。

实时数据界面如图 2 - 18 所示，可以看到遥控、遥信、遥测参数（图中为遥控参数）。

上装完毕后，若需对装置参数进行修改，则找到终端测试软件根目录下对应工程的配置文件，按照需要对其修改完成后，保存，关闭，重新打开维护软件，重新连接设备，对时，然后文件上下装，将修改的配置文件一个一个"下装文件"到右侧，看到底

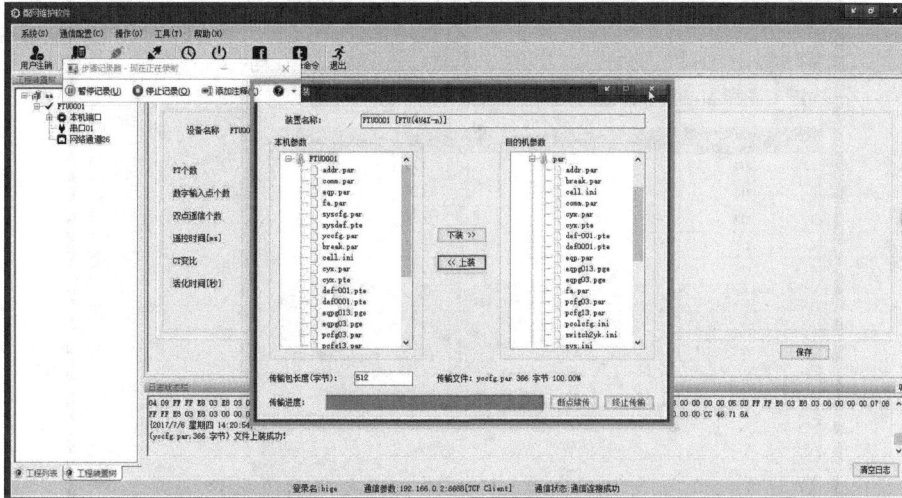

图 2-16 文件上装

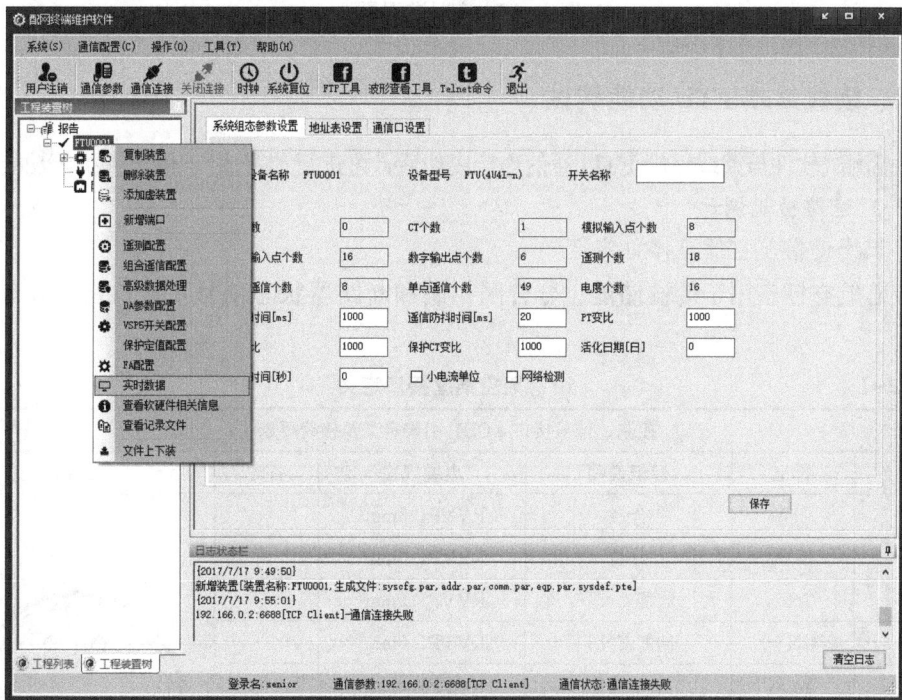

图 2-17 查看实时数据

部进度条完毕，并且下方报文提示文件下装成功后，关闭对话框，最后点击"复位"（重启设备用）即可。

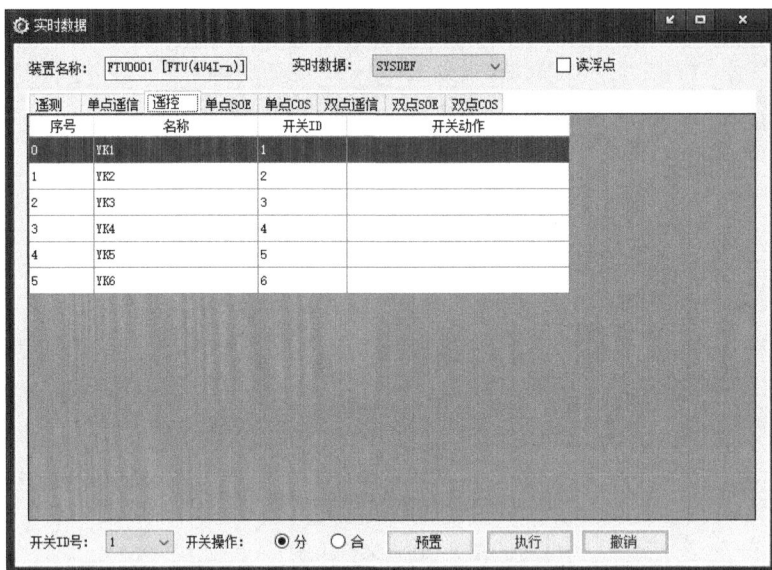

图 2-18　实时数据界面

### 三、馈线终端 FTU 功能调试

终端测试软件与馈线终端 FTU 通信连接成功后，可进行"三遥"、继电保护等功能调试。

（一）遥信功能调试

1. 识读遥信航空插座接口定义

10 芯航空插座用于传输储能、分合闸控制和断路器状态信号，接口定义如表 2-1 所示。

表 2-1　　　　　　　　　　　　10 芯航空插座接口定义

| 控制、信号接口（CD）引脚定义及接线要求 | | | | | |
|---|---|---|---|---|---|
| 引脚号 | 标记 | 标记说明 | 电缆规格 | 备注 | 图示 |
| 1 | HW | 合位 | RVVP1.5mm² | — | |
| 2 | FW | 分位 | RVVP1.5mm² | — | |
| 3 | CN− | 储能 CN− | RVVP1.5mm² | — | |
| 4 | CN+ | 储能 CN+ | RVVP1.5mm² | — | |
| 5 | WCN | 未储能位 | RVVP1.5mm² | — | |
| 6 | YXCOM | 遥信公共端 | RVVP1.5mm² | — | |
| 7 | HZ− | 合闸输出− | RVVP1.5mm² | — | |
| 8 | HZ+ | 合闸输出+ | RVVP1.5mm² | — | |
| 9 | FZ− | 分闸输出− | RVVP1.5mm² | — | |
| 10 | FZ+ | 分闸输出+ | RVVP1.5mm² | — | |

2. 识读电源航空插座接口定义

4 芯航空插座用于传输电源电压互感器的电压信号，接口定义如表 2-2 所示。

表 2-2　　　　　　　　　　　　　　4 芯航空插座接口定义

| 电源输入引脚定义及接线要求 | | | | | |
|---|---|---|---|---|---|
| 引脚号 | 标记 | 标记说明 | 电缆规格 | 备注 | 图示 |
| 1 | 1TVa | AB 线电压 TV 二次侧电压（对应 A 相） | RVVP1.5mm² | — | |
| 2 | 2TVc | CB 线电压 TV 二次侧电压（对应 C 相） | RVVP1.5mm² | — | |
| 3 | 1TVb | AB 线电压 TV 二次侧电压（对应 B 相） | RVVP1.5mm² | 可短接 | |
| 4 | 2TVb | CB 线电压 TV 二次侧电压（对应 B 相） | RVVP1.5mm² | | |

3. 识读后备电源航空插座接口定义

5 芯航空插座用于扩展串口与外接蓄电池，接口定义如表 2-3 所示。

表 2-3　　　　　　　　　　　　　5 芯航空插座接口定义

| 5 芯通信、电池后备电源（BATT）引脚定义 | | | | | |
|---|---|---|---|---|---|
| 引脚号 | 标记 | 标记说明 | 电缆规格 | 备注 | 图示 |
| 1 | BAT+ | 接至外挂电池正 | RVVP1.0mm² | — | |
| 2 | BAT− | 接至外挂电池负 | RVVP1.0mm² | 可选 | |
| 3 | GND | 串口地 | RVVP1.0mm² | — | |
| 4 | RXD | 串口收 | RVVP1.0mm² | — | |
| 5 | TXD | 串口发 | RVVP1.0mm² | — | |

4. 遥信功能调试

（1）远方/就地：

1）转换馈线终端 FTU 远方/就地开关。

2）观察终端测试软件显示远方/就地遥信状态是否正确。

（2）柱上开关分合闸：

1）就地手动操作柱上开关分合闸。

2）观察终端测试软件柱上开关储能遥信显示状态是否正确。

3）观察终端测试软件柱上开关合位遥信显示状态是否正确。

4）观察终端测试软件柱上开关分位遥信显示状态是否正确。

（3）交流失电：

1）在正常工作状态下（主交流电源开关合上，备用电源开关合上）分开主、备交流电源开关。

2）观察馈线终端 FTU 观察窗内"交流电源"指示灯由亮至灭。

3）观察终端测试软件交流电源遥信显示状态是否正确。

（4）电池活化：

1）按住馈线终端 FTU 上的"电池活化"按钮。

2）观察馈线终端 FTU"电池活化"指示灯亮。

3）观察终端测试软件电池活化遥信显示状态是否正确。

遥信功能调试，实际工作现场还要根据设备信息点表，与主站核对遥信上传点位是否正确，遥信量显示是否与现场一致。

遥信功能调试记录表如表 2-4 所示。

表 2-4　　　　　　　　　　　馈线终端 FTU 遥信调试记录表

| 序号 | 调试项目 | 实验现象 | 调试结论 |
|---|---|---|---|
| 1 | 馈线终端 FTU 远方/就地 | | |
| 2 | 柱上开关分合闸 | | |
| 3 | 馈线终端 FTU 交流失电 | | |
| 4 | 馈线终端 FTU 电池活化 | | |

（二）遥测功能调试

1. 识读遥测航空插座接口定义

14 芯航空插座用于传输电流、电压传感器信号，接口定义如表 2-5 所示。

表 2-5　　　　　　　　　　　14 芯航空插座接口定义

| 电流、电压采样输入接口（IVD）引脚定义及接线要求 | | | | | |
|---|---|---|---|---|---|
| 引脚号 | 标记 | 标记说明 | 电缆规格 | 备注 | 图示 |
| 1 | $I_{0+}$ | 零序电流＋ | RVSP0.5mm$^2$ | — | |
| 2 | $I_{0-}$ | 零序电流－ | RVSP0.5mm$^2$ | — | |
| 3 | $I_{b+}$ | B 相电流＋ | RVSP0.5mm$^2$ | — | |
| 4 | $I_{c+}$ | C 相电流＋ | RVSP0.5mm$^2$ | — | |
| 5 | $I_{c-}$ | C 相电流－ | RVSP0.5mm$^2$ | — | |
| 6 | $I_{b-}$ | B 相电流－ | RVSP0.5mm$^2$ | — | |
| 7 | $I_{a+}$ | A 相电流＋ | RVSP0.5mm$^2$ | — | |
| 8 | $I_{a-}$ | A 相电流－ | RVSP0.5mm$^2$ | — | |
| 9 | — | — | | — | |
| 10 | $U_{a+}$ | A 相电压＋ | RVSP0.5mm$^2$ | — | |
| 11 | $U_{b+}$ | B 相电压＋ | RVSP0.5mm$^2$ | — | |
| 12 | $U_{c+}$ | C 相电压＋ | RVSP0.5mm$^2$ | — | |

2. 遥测功能调试

（1）馈线终端 FTU 正常上电，根据航空插座接口定义，将馈线终端 FTU 电流、电压采集专用测试航空接插头电缆，一端连接馈线终端 FTU 相应航空插座，另一端端子排与继电保护测试仪相连。

（2）用继电保护测试仪输出额定值的电流、电压，如表 2-6 所示。

（3）在终端测试软件实时数据"遥测"界面读取电流、电压值，并记录在表 2-6 中。

（4）计算馈线终端 FTU 电流、电压通道测量误差，分析误差是否满足要求（测量偏差需不超过±0.5%）。

（5）实际工作现场还要根据设备信息点表，与主站核对遥测数据上传点位、数据显示是否正确。

遥测功能调试结果记录在表 2-6 中。

表 2-6　　　　　　　　　馈线终端 FTU 遥测调试记录表

| 遥测量 | 标准值 | 实测值 | 误差结果 | 是否合格 |
|---|---|---|---|---|
| $I_a$ | 5A | | | |
| $I_b$ | 5A | | | |
| $I_c$ | 5A | | | |
| $I_0$ | 5A | | | |
| $U_a$ | 57.7V | | | |
| $U_b$ | 57.7V | | | |
| $U_c$ | 57.7V | | | |
| $U_0$ | 57.7V | | | |

（三）遥控功能调试

（1）馈线终端 FTU 正常上电，将馈线终端 FTU 远方/就地转换开关置于"远方"。

（2）在终端测试软件上对柱上开关进行遥控操作，即合闸和分闸操作。

（3）观察能否正确反馈遥控操作结果，柱上开关合、分闸状态是否正确。

（4）为确保遥控安全，可投入和退出连接片分别进行合、分闸操作一次，当退出连接片时，合、分闸不成功。

（5）实际工作现场还要根据设备信息点表，与主站核对遥控信息，实现对柱上开关的远程遥控联调。

遥控功能调试记录表如表 2-7 所示。

表 2-7　　　　　　　　　馈线终端 FTU 遥控调试记录表

| 分合闸操作 | 相关连接片投退 | 开关动作结果 |
|---|---|---|
| 终端测试软件遥控分闸 | 退出 | |
| 终端测试软件遥控分闸 | 投入 | |
| 终端测试软件遥控合闸 | 退出 | |
| 终端测试软件遥控合闸 | 投入 | |

（四）继电保护功能调试

（1）馈线终端 FTU 正常上电，根据遥测航空插座接口定义，将馈线终端 FTU 电流电压采集专用测试航空接插头电缆，一端连接馈线终端 FTU 相应航空插座，另一端端子排与继电保护测试仪相连。

（2）柱上开关在合闸状态。

（3）用继电保护测试仪分别输入 0.95 倍和 1.05 倍保护定值的电流进行系统故障模拟（保护定值从终端测试软件馈线终端 FTU 配置文件中读取）。

（4）观察柱上开关是否动作。

（5）观察馈线终端 FTU 的告警指示灯是否点亮。

（6）观察终端测试软件读取的 SOE 数据是否正确。

继电保护功能调试记录表如表 2-8 所示。

表 2-8　　　　　　　　　馈线终端 FTU 保护功能调试记录表

| 整定定值 | 电流速断保护 电流定值（　）A | | 过电流保护 电流定值（　）A，延时（　）s | |
|---|---|---|---|---|
| 故障情况 | 0.95 倍定值 | 1.05 倍定值 | 0.95 倍定值 | 1.05 倍定值 |
| 结论 | | | | |

（五）联调传动调试

"三遥"、继电保护功能调试后，通过主站实现对柱上开关设备的远程遥控联调。

（1）馈线终端 FTU 正常上电，柱上开关、馈线终端 FTU 在远程控制工作状态。

（2）在配电主站控制操作界面上，对柱上开关进行合闸、分闸操作。

（3）观察柱上开关动作状态是否与配电主站控制一致。

（4）观察配电主站设备状态信息是否与柱上开关状态信息一致。

联调功能调试记录表如表 2-9 所示。

表 2-9　　　　　　　　　馈线终端 FTU 联调传动调试记录表

| 配电主站分合闸操作 | 开关动作结果 | 配电主站、开关状态信息 |
|---|---|---|
| 合闸 | | |
| 分闸 | | |

# ⌨ 任务评价

本任务评价见表 2-10。

表 2-10 馈线终端 FTU 的功能调试任务评价表

| 姓名 | | 学号 | | | | | |
|---|---|---|---|---|---|---|---|
| 序号 | 评分项目 | 评分内容及要求 | 评分标准 | 扣分 | 得分 | 备注 | |
| 1 | 预备工作<br>（5分） | 安全着装 | （1）未按照规定着装，每处扣1分。<br>（2）其他不符合条件，酌情扣分 | | | | |
| 2 | 继电保护测试仪<br>使用（5分） | 会正确使用继电保护测试仪 | 不会正确使用继电保护测试仪，扣5分 | | | | |
| 3 | 终端维护软件使用，通信连接，参数上、下装（10分） | 会正确使用终端测试软件，维护终端笔记本电脑与馈线终端 FTU 建立通信连接，正确进行参数上、下装 | （1）不能正确建立通信连接，扣5分。<br>（2）不能正确进行参数上、下装，扣5分 | | | | |
| 4 | 正确识读馈线终端 FTU 二次回路图（25分） | （1）正确识读馈线终端 FTU 装置电源、通信、遥信、遥测二次回路图。<br>（2）通过二次回路图正确进行测试接线 | （1）4个二次回路图，正确分析一个二次回路图得3分，分析不正确酌情扣分。<br>（2）未正确按照二次回路图正确连接航空接插头，电源、通信、遥信接线错误每个扣3分，遥测接线错误扣4分 | | | | |
| 5 | 馈线 FTU 通电测试（40分） | （1）通电测试前安全检查。<br>（2）遥信功能调试。<br>（3）遥测功能调试。<br>（4）遥控功能调试。<br>（5）继电保护功能调试。<br>（6）联调传动调试 | 6个测试项目，未正确完成通电测试前安全检查、遥测功能调试、遥控功能调试、继电保护功能调试、联调传动调试每个扣6分，未正确进行遥信功能调试扣10分 | | | | |
| 6 | 柱上开关规范操作（5分） | 按照规程正确对柱上开关进行分合闸操作 | 未按规程对柱上开关进行操作，违反安全规程，扣5分 | | | | |
| 7 | 综合素质（10分） | （1）实训态度认真，独立完成相关知识的学习。<br>（2）严格遵守安全操作规程，测试过程中不违反有关规定 | | | | | |
| 合计 | 总分100分 | | | | | | |

| 任务开始时间 时 分<br>结束时间 时 分 | | | | 实际时间<br>时 分 | |
|---|---|---|---|---|---|
| | 教师 | | | | |

## 任务扩展

目前，国内配电终端品牌繁多，类型各异，各生产厂家开发各自的后台测试软件，各品牌的终端测试软件从界面、流程、参数名称、串口及通信规约配置等许多方面有很大的差异，只熟悉一个品牌的终端测试软件，在现场应用时有局限性。

了解三个以上品牌的终端测试软件在馈线终端 FTU 的实际使用，对比通信连接、参数设置、点表配置的区别，实现对多品牌馈线终端 FTU 的认识和了解。

# 任务二　馈线终端 FTU 的运行维护

## 任务目标

（1）熟悉配电终端运维管理，能够完成对馈线终端 FTU 的日常运行维护，正确填写巡视检查记录表。

（2）能够对馈线终端 FTU 常见缺陷进行分析、判断和处理。

## 任务描述

本任务分两个方面：其一是馈线终端 FTU 的日常运行维护，主要包括外观检查、运行工况检查、电源系统检查、航空接插头连接是否牢固、接地是否良好等，并填写巡视检查记录表；其二是通过典型工作案例，完成对馈线终端 FTU 常见缺陷的分析、判断和处理，提高学生的实际工作能力。

## 任务准备

### 一、知识准备

配电终端运维是日常性、持续性的工作，是融合了配电技术、自动化技术、信息技术和通信技术多个专业的综合性的工作，配电终端运维管理工作主要有以下几个方面。

#### （一）配电二次类设备运行管理

配电终端需配备运行维护人员，负责配电终端的巡视检查、故障处理、运行日志记录、信息定期核对等工作。

配电终端运行维护人员应定期对终端设备进行巡视、检查、记录，发现异常情况及时处理，做好记录并按有关规定要求进行汇报。

配电终端应建立设备的台账（卡）、设备缺陷、测试数据等记录。

配电终端进行运行维护时，如可能会影响到调度员正常工作时，应提前通知当值调度员，获得准许并办理有关手续后方可进行。

（二）配电终端缺陷分类

配电自动化缺陷按照对电网一、二次设备及主站、子站运行的影响程度，分为危急、严重和一般三类。危急缺陷是指配电自动化系统或设备发生了威胁电网、设备和人身安全，降低可靠性，造成重要站室或设备失去监控现象，必须立即进行处理的缺陷；严重缺陷指严重影响配电自动化系统或设备的功能使用，可能发展成为危急缺陷，不允许长期带缺陷运行，必须限期安排进行处理的缺陷；一般缺陷是指除危急、严重缺陷外，不会对电网、系统和一、二次设备安全稳定运行造成直接影响，且短期内不存在快速发展，可以结合日常计划工作安排处理的缺陷。

（三）缺陷处理响应时间及要求

（1）危急缺陷。运行维护部门必须在 24h 内消除缺陷。

（2）严重缺陷。发生此类缺陷时运行维护部门必须在 7 日内消除缺陷。

（3）一般缺陷。发生此类缺陷时运行维护部门应酌情考虑列入检修计划尽快处理。

（四）巡视工作要求

（1）定期巡视。由运行单位定期组织进行，以掌握终端设备的运行状况为目的，及时发现缺陷和隐患的巡视，每季度一次。

（2）故障巡视。由运行单位组织进行，以查明出现通信中断、信号告警或错误等问题的原因为目的的巡视。

（3）特殊巡查。

1）新设备，大修预试后、改造和长期停运后重新投运设备。

2）设备近期发现危急（严重）缺陷。

3）存在外力破坏可能或遇特殊恶劣气候。

4）重要时段及重要保电任务。

（4）终端巡视。

1）设备表面是否清洁，有无裂纹和缺损。

2）二次端子排接线部分有无松动。

3）交直流电源是否正常。

4）柜门关闭是否良好，有无锈蚀、积灰，电缆进出孔封堵是否完好。

5）终端设备运行工况是否正常，各指示灯信号是否正常。

6）通信是否正常，能否接收主站发下来的报文。

7）检查设备工况，遥测数据是否正常，遥信位置是否正确。

8）设备的接地是否牢固可靠，终端装置电缆接头的标号是否清晰正确，接头有无松动。

9）对终端装置参数定值等进行核实及时钟校对，做好相关数据的常态备份工作。

10）检查相关二次安全防护设备运行是否正常。

（五）配电二次设备指标要求

配电终端月平均在线率：≥95％。

遥控成功率：≥98%。

遥信动作正确率：≥95%。

## 二、工具准备

（1）馈线终端FTU设备。

（2）柱上开关一、二次成套化设备。

（3）配电自动化实训系统。

（4）维护终端笔记本计算机（含终端测试软件）。

（5）万用表、钳形电流表、绝缘电阻表。

（6）螺钉旋具等常用电工工具。

（7）低压验电器。

## 三、材料准备

（1）红色、黄色、蓝色、黑色、双色测试导线若干条。

（2）金属测试夹若干。

（3）馈线终端FTU技术使用产品说明书。

（4）馈线终端FTU航空接插头电缆定义图。

（5）馈线终端FTU测试软件使用手册。

## 四、人员准备

（1）指导教师至少保证两名，教师及学生应着长袖工作服，实训操作时应佩戴安全帽，一次设备倒闸操作应戴绝缘手套。

（2）馈线终端FTU常见缺陷分析、判断和处理，每5～6名学生分为一组，教师演示典型工作案例，各组学生在教师引导下，通过事故现象对设备缺陷进行分析、判断和处理。

## 五、场地准备

（1）配电自动化实训现场配备合格、充足的安全工器具，并规范使用。

（2）实训现场具备明显的应急疏散标识，教师提前告知疏散路线。

（3）柱上开关前铺设绝缘垫，装设围栏，并悬挂"有电危险"标志牌。

（4）终端调试区周围装设围栏或拉警戒线。

## 六、工作危险点分析及防范措施

（1）教师进行案例演示，学生观察故障现象，进行分析、判断和处理，实际操作时，做好安全措施，防止触电事故发生。

（2）案例演示涉及柱上开关的规范操作，操作过程中，设监护人、操作人，正确填写操作票，严格按照操作程序进行，防止误操作。

## 任务实施

### 一、馈线终端 FTU 日常运行维护

馈线终端 FTU 置于线杆距地面 2.5m 以上，日常运行维护不方便，必要时需登杆检查。

如图 2-19 所示，馈线终端 FTU 日常运行维护需完成如下项目：

（1）目视检查馈线终端 FTU 外观，无异声、异味和其他构造上的异常。

（2）目视检查确认控制电缆和接地线连接正确可靠，必要时可手动旋转检查各控制电缆航空插头是否接触可靠，用扳手对接地螺栓进行紧固。

（3）检查并确认整定值是否符合应用要求。

（4）检查并确认馈线终端 FTU 的控制旋钮手柄在"自动"位置。

（5）必要时可开启馈线终端 FTU 维护窗，检查维护窗面板上的各指示灯指示情况：TV 指示灯亮、合闸指示灯亮、储能指示灯亮、运行灯应亮、灭交替闪烁，其余各指示灯应熄灭。检查完毕应锁紧维护窗小盖。

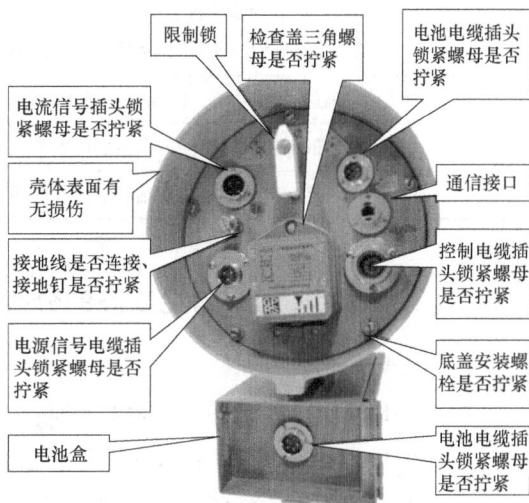

图 2-19　馈线终端 FTU 日常运行维护项目

巡视过程中填写馈线终端 FTU 巡视记录表，如表 2-11 所示。

表 2-11　馈线终端 FTU 巡视记录表

| 变电站 | | 线路名称 | | 设备名称 | |
|---|---|---|---|---|---|
| 终端定值 | 编号：<br>过电流Ⅰ段：　A　ms<br>过电流Ⅱ段：　A　ms<br>零序Ⅰ段：　A　ms<br>零序Ⅱ段：　A　ms | 终端通信方式 | （　）光纤<br>（　）GPRS | 通信状态 | （　）正常<br>（　）异常 |
| 工作单位/人员 | | | | | |

| 巡视内容 | | |
|---|---|---|
| 序号 | 内容 | 完成确认 |
| 1 | 现场核对线路名称，杆号及设备与主站和图纸相符。检查柱上开关本体及 TV 外观无异样，安装符合工艺要求，柱上开关及 TV 一次接线符合要求，连接可靠。确保一次设备及馈线终端 FTU 可靠接地 | |
| 2 | 检查馈线终端 FTU 及控制电缆连接牢固正确，外观无异常 | |
| 3 | 现场确认柱上开关位置、储能位置，并做好记录 | |
| 4 | 开启馈线终端 FTU 维护窗，确认终端保护定值均已正确设定。检查维护窗面板上的各指示灯指示情况：TV 指示灯、合闸指示灯、储能指示灯、运行指示灯、电池活化灯，应与现场情况相符，相间、接地、闭锁等指示灯应熄灭 | |
| 5 | 具备远方遥控功能。检查完毕应锁紧维护窗盖 | |
| 6 | 确认馈线终端 FTU 上的白色手柄处于"自动"位置 | |
| 7 | 确认馈线终端 FTU 与主站通信正常，并做好记录 | |

## 二、馈线终端 FTU 常见缺陷的分析、判断和处理

（一）安全措施

（1）现场消缺工作需开具线路第二种工作票。

（2）现场安全措施：工作现场放置安全围栏，悬挂"在此工作"等安全警示牌。

（3）登高安全措施：登高人员正确佩戴安全帽、全方位安全带、绝缘手套、绝缘鞋等安全防护用品。

（二）馈线终端 FTU 消缺注意事项

（1）插拔电流回路航空插头时，需首先确认该型开关或电缆插头具备自动短接功能，严禁电流回路开路，避免电流回路开路产生高压对作业人及电力设备产生损害。

（2）插拔电压回路及控制回路航空插头时，需首先确认对一次设备运行状态不会产生影响，同时严禁电压回路短路，以此避免因电压回路短路造成电压互感器烧坏，以及导致控制回路故障，造成柱上开关分闸。

（3）集中型开关成套设备，严禁碰触开关分合闸"白色手柄"，防止误分合开关造成线路停送电事故。

（三）馈线终端 FTU 常见缺陷

馈线终端 FTU 置于线杆上，运行环境恶劣，会导致部分电子元件故障率高；无线通信的模式，会使信息数据的传输准确率降低。重点检查柱上开关本体与馈线终端 FTU 连接的航空接插头密闭性是否完好、TV 提供工作电源接线是否牢固、无线通信模块工作是否正常。

馈线终端 FTU 在使用中，如出现不明状况，查找原因及进行处理的方法如表 2-12 所示。

表 2-12　　　　　　　　　　　馈线终端 FTU 常见缺陷分析判断

| 序号 | 现象 | 原因调查 | 处理方法 |
|---|---|---|---|
| 1 | 馈线终端 FTU 电源异常 | (1) 检查馈线终端 FTU 航空接插头电源线是否接牢；<br>(2) 检查馈线终端 FTU 与开关两头航空接插头是否接牢、接线是否有误 | (1) 航空接插头重新接牢并旋紧；<br>(2) 把两头的航空接插头重插并旋紧，按接线图重新接线 |
| 2 | 馈线终端 FTU 手柄无法操作开关分闸 | (1) 查看远方/就地转换开关是否正确；<br>(2) 检查开关是否已经处于操作状态 | 查看开关分合位指示针 |
| 3 | 越级跳闸或开关误动 | 查看馈线终端 FTU 参数设置是否正确 | 根据实际线路，配合上下级开关，重新设置正确参数 |
| 4 | 找不到网络（面板信号灯 1s 闪一次） | 检查 SIM 卡是否插好 | 将 SIM 卡取出重新插好 |
| 5 | 找到网络但连不上后台（面板信号灯 3s 闪一次） | (1) 查看 SIM 卡是否有激活（有些地区新卡需要激活）；<br>(2) SIM 卡是否有充值 | (1) 打电话到客服中心激活；<br>(2) 给 SIM 卡充值 |
| 6 | 过电流后不跳闸 | (1) 查看设置是否为失压跳；<br>(2) 过电流值是否超过设置的定值 | 重新配置参数 |

馈线终端 FTU 在复杂恶劣的现场运行环境中，良好的密闭性是关键，工作现场对馈线终端 FTU 进行维护检修、消缺处理有一定的难度，经检查出现下述情况之一时，应进行整体更换：

(1) 受外力冲击造成馈线终端 FTU 严重变形。

(2) 确认馈线终端 FTU 已接入电源而无状态指示或状态指示严重错误。

(3) 在确认保护定值设定正确又出现保护误动拒动时。

（四）事故案例

案例 1：某线路馈线终端 FTU 遥控异常

(1) 缺陷描述：配电主站无法进行远程分合闸操作。

(2) 缺陷分析查找：

1) 现场检查确认馈线终端 FTU 上的白色操作手柄处于"自动"位置，判断远程控制工作状态正常。

2) 检查确认柱上开关位置、储能位置正常，判断一次设备正常。

3) 开启馈线终端 FTU 维护窗，检查维护窗面板上的各指示灯指示情况：TV 指示灯、合闸指示灯、储能指示灯、运行指示灯、电池活化灯，应与现场情况相符，相间、接地、闭锁等指示灯应熄灭。判断馈线终端 FTU 工作正常。

4）配电主站遥信、遥测等信息正常，判断馈线终端 FTU 与配电主站通信正常。

5）检查控制回路航空插头发现松动虚接现象，判断故障点是航空插头没有可靠接牢的问题。

6）对航空接插头重新接牢并旋紧。

7）与配电主站核对信息，遥控操作成功，消缺工作完成。

8）填写缺陷记录表，如表 2 - 13 所示。

表 2 - 13　　　　　　　　　　　馈线终端 FTU 缺陷记录表

| 变电站 | | 线路名称 | | 调度号 | |
|---|---|---|---|---|---|
| 杆号 | | 发现缺陷人 | | 发现缺陷日期 | |
| 设备铭牌参数<br>（型号、编号、厂家等） | | | | | |
| 缺陷描述 | | | | | |
| 工作单位/成员 | | | | | |
| 处理缺陷记录 | | | | | |
| 缺陷总结 | | | | | |

案例 2：某线路分界开关馈线终端 FTU 交流电源异常

（1）缺陷描述：配电主站监控该分界开关馈线终端 FTU 交流失电报警，后备电源投入。

（2）缺陷分析查找：

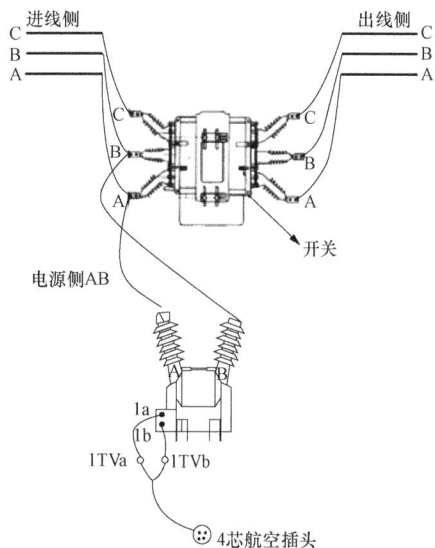

图 2-20　单 TV 安装简易示意图

1）熟悉分界开关设备安装运行状态，如图 2-20 所示。分界开关，单电压互感器 TV 安装，电源侧电压互感器 TV 二次侧提供给馈线终端 FTU 交流 220V 工作电源。

2）配电主站该线路遥测电流、电压信号正常，判断开关一次回路正常。

3）开关一次回路正常，馈线终端 FTU 工作电源失电，判断电压互感器 TV 到终端的二次回路异常。

4）登杆检查，打开馈线终端 FTU 维护窗盖，检查确认交流电源工作指示灯熄灭。

5）退出合、分闸出口连接片，防止误分、合一次开关。

6）检查确认 4 芯电源航空插头紧固，判断电压互感器二次回路异常。

7）拔下 4 芯电源航空插头，用万用表测量交流电压，电压为 0V，正常工作电压为交流 220V，判断柱上电压互感器 TV 二次输出回路异常。

8）报分界开关停电检修后，检查电压互感器 TV 二次输出侧，二次熔断器熔断。

9）检查馈线终端 FTU 电源回路正常后，更换熔断器。

10）分界开关送电后，维护窗内交流电源工作指示灯亮，消缺工作完成。

11）填写缺陷记录表，如表 2-14 所示。

## 任务评价

本任务评价见表 2-14。

**表 2-14　　　　　　馈线终端 FTU 的运行维护任务评价表**

| 姓名 | | 学号 | | | | | |
|---|---|---|---|---|---|---|---|
| 序号 | 评分项目 | 评分内容及要求 | 评分标准 | 扣分 | 得分 | 备注 |
| 1 | 预备工作<br>（5分） | 安全着装 | （1）未按照规定着装，每处扣1分。<br>（2）其他不符合条件，酌情扣分 | | | |
| 2 | 馈线终端 FTU 日常运行维护<br>（30分） | 正确对馈线终端 FTU 外观、航空电缆接线、控制旋钮手柄、整定值、维护窗指示灯等进行检查 | 至少说出六项馈线终端 FTU 运行维护项目，每少一项扣5分，每项检查内容根据学生填写的巡回检查记录表情况酌情扣分 | | | |
| 3 | 馈线终端 FTU 常见缺陷分析、判断<br>（30分） | 能通过典型缺陷现象分析缺陷原因及消除方法 | 三个常见缺陷，每正确分析一个缺陷原因及消除方法最高得10分，根据回答情况酌情扣分 | | | |
| 4 | 馈线终端 FTU 故障排查（25）分 | 通过事故现象，正确对故障进行排查 | 正确分析馈线终端 FTU 遥控异常的原因，说明故障可能的范围，并正确排查故障，得10分；正确分析馈线终端 FTU 交流电源异常的原因，说明故障可能的范围，正确使用测量仪表，并正确排查故障，得15分 | | | |
| 5 | 综合素质<br>（10分） | （1）实训态度认真，独立完成相关知识的学习。<br>（2）严格遵守安全操作规程，实训过程中不违反有关规定 | | | | |
| 合计 | 总分100分 | | | | | |
| 任务开始时间　　　　时　　分<br>结束时间　　　　时　　分 | | | | 实际时间<br>　　　　时　　分 | | |
| | 教师 | | | | | |

67

## ⌨ 任务扩展

馈线终端 FTU 多采用无线通信的模式，而且通信故障率比较高，了解无线通信的事故现象及常见缺陷及处理方案，如表 2 - 15 所示。

表 2 - 15 　　　　　　　　馈线终端 FTU 无线通信模块缺陷分析判断

| 问题分类 | 问题描述 | 处理方案 |
|---|---|---|
| 终端长时间离线<br>（无线模块不在线） | 当前通信环境不满足模块的最低通信条件 | 更换无线模块 |
| | 模块进水锈蚀严重、损坏 | 更换无线模块 |
| | 因模块质量问题导致的终端长期离线 | 更换无线模块 |
| | 模块外观正常，指示灯闪烁异常 | 综合分析：模块问题、SIM 卡问题、其他 |
| | 模块供电电源正常，无法拨号上网 | 更换无线模块 |

## 【情境总结】

本情境通过对馈线终端 FTU 设备的专业知识学习、相关工作技能的实训操作训练，熟悉配电终端应用功能，掌握馈线终端 FTU 的结构、应用功能，正确识读馈线终端 FTU 二次回路图；掌握馈线终端 FTU 与终端测试软件的通信连接，终端测试软件的上装、下装，终端测试软件的实际应用；熟练掌握馈线终端 FTU "三遥"、继电保护功能调试、联调传动调试的内容、方法和步骤，在专人监护和配合下，完成调试过程，并对调试结果做出正确的判断和分析；熟悉配电终端运维管理，明确馈线终端 FTU 现场运维管理的具体工作要求，了解馈线终端 FTU 日常运行维护的具体内容和检查项目，掌握馈线终端 FTU 常见缺陷分析、判断和处理的工作流程，包括危险点和安全预防措施，能够通过典型任务案例以小组的方式完成对馈线终端 FTU 的消缺处理。通过本情境两个工作任务的实施，学生应具备馈线终端 FTU 的现场工作岗位能力要求。

# 站所终端 DTU 的调试与运维

## 【情境描述】

站所终端 DTU 主要用于对开关站、环网柜、箱式变电站中开关设备的各种运行参数的监视、测量、控制和故障识别及隔离。情境中涵盖两项工作任务，分别是站所终端 DTU 的功能调试，站所终端 DTU 的运行维护。核心知识点是站所终端 DTU 的基本结构与功能，关键技能项包括正确识读站所终端 DTU 二次回路图、站所终端 DTU 功能调试、常见缺陷分析、判断和处理。

## 【情境目标】

通过本情境学习，应达到以下目标：

1. 知识目标

掌握站所终端 DTU 的结构与功能；熟悉配电终端常见缺陷和处理原则。

2. 能力目标

能够正确识读站所终端 DTU 二次回路图；能够对站所一次开关设备规范操作；能够正确使用继电保护测试仪、终端测试软件；能够对站所终端 DTU 进行功能调试；能够对站所终端 DTU 进行日常运行维护，正确填写巡视检查记录表；能够对站所终端 DTU 常见缺陷进行分析、判断和处理。

3. 素质目标

牢固树立站所终端 DTU 调试与运维过程中的安全风险防范意识，工作过程严谨认真，培养良好的职业道德。

## 任务一　站所终端 DTU 的功能调试

### 📖 任务目标

（1）掌握站所终端 DTU 的结构组成。

（2）掌握站所终端 DTU 的应用功能。

（3）能够正确识读站所终端 DTU 二次回路图。

（4）能够对一次开关设备进行规范操作。

（5）能够正确使用继电保护测试仪、终端测试软件。

（6）能够对站所终端 DTU 进行功能调试，并对测试结果进行正确分析。

## 任务描述

本任务在掌握站所终端 DTU 的结构组成、功能应用的基础上，完成对站所终端 DTU 的功能调试，主要项目包括通电调试前检查、电源系统调试、遥信、遥测、遥控、继电保护功能检验等，通过功能调试，检验站所终端 DTU 设备的各项技术参数是否满足设备运行要求。

## 任务准备

### 一、知识准备

（一）一次系统图

实训室设备一次系统图如图 3-1 所示。

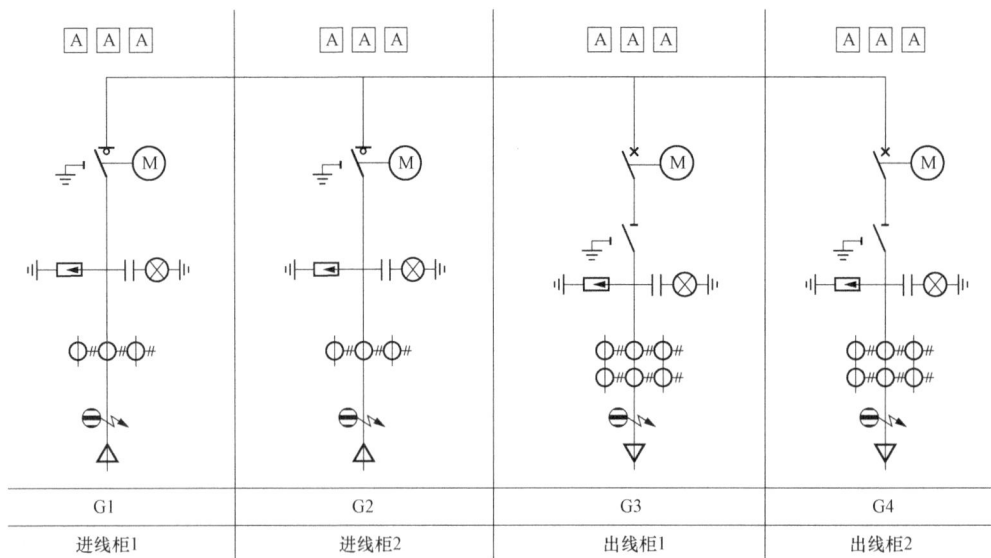

图 3-1  实训室设备一次系统图

实训室一次设备由四面环网柜组成，两路进线环网柜，两路出线环网柜，配置集中式四路站所终端 DTU 控制单元。

（二）站所终端 DTU 结构与功能

站所终端 DTU 基本构成包括核心测控单元、操作控制回路、人机接口、通信终端、电源等几部分。

1. 核心测控单元

核心测控单元主要包括交流采样、数据处理、通信管理、遥信、遥控和电源部分。核心测控单元结构如图 3-2 所示。

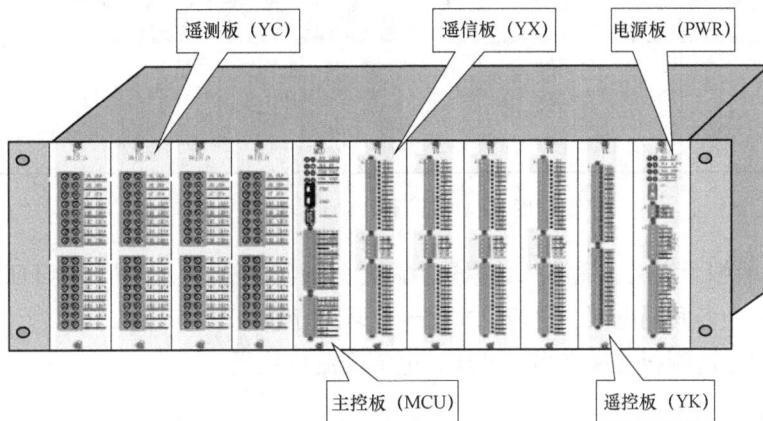

图 3-2　核心测控单元结构

（1）主控板 MCU。

1）功能描述。主控板 MCU 是站所终端 DTU 的核心单元，数据采集处理方面，负责 10kV 线路电压、电流交流采样，并对采样数据实时计算和故障判定。主控板结构如图 3-3 所示。

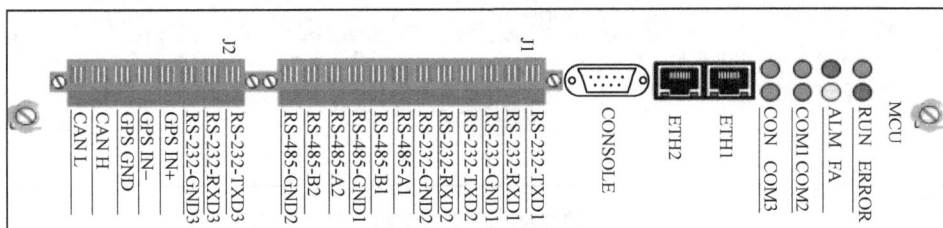

图 3-3　主控板结构

通信方面，负责站所终端 DTU 与主站系统的通信联系，实现遥信、遥测、遥控及遥调的转发功能。提供 3 个 RS-232 口、2 个 RS-485 口、2 个 100/10 BASE-T 以太网口、电池活化接口、1 个 CAN 接口等多种通信接口，通过多种通信方式和手段与主站、分站及控制中心建立通信联系，上传站所终端 DTU 采集的信息，接受遥控命令。

2）主控板 MCU 指示灯说明。通过 MCU 板上指示灯监测站所终端 DTU 的运行、故障及通信工作状态。

（2）遥测板（YC）。

1）功能描述。遥测板采集来自环网柜中电压互感器、电流互感器二次回路的数据，其作用是指示或记录一次设备的运行参数，上传给主站控制中心，以便运行人员掌握一

71

次设备运行情况。遥测板（YC）结构如图 3-4 所示。

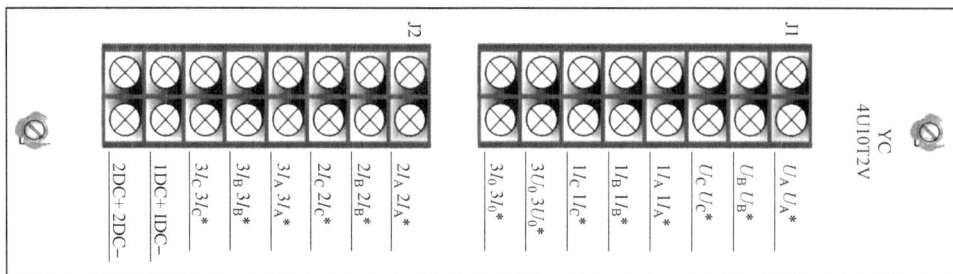

图 3-4 遥测板（YC）结构

2）遥测板端子定义。遥测板数据采集路径为遥测板端子→站所终端 DTU 电压、电流端子→环网柜各间隔电压、电流二次端子→环网柜内 TV、TA。

每块模拟量遥测板可采集多个电压、电流交流模拟量。

（3）遥信板（YX）。

1）功能描述。遥信板信号采集来自指示一次设备运行状态的二次回路的数据，包括开关位置信号、事故信号、站所终端 DTU 及自动装置的启动、动作、告警信号等。其主要作用是反映一次设备的正常和异常运行状况，为及时发现与分析故障、配合主站控制中心迅速消除和处理事故提供有力的支持。遥信板结构如图 3-5 所示。

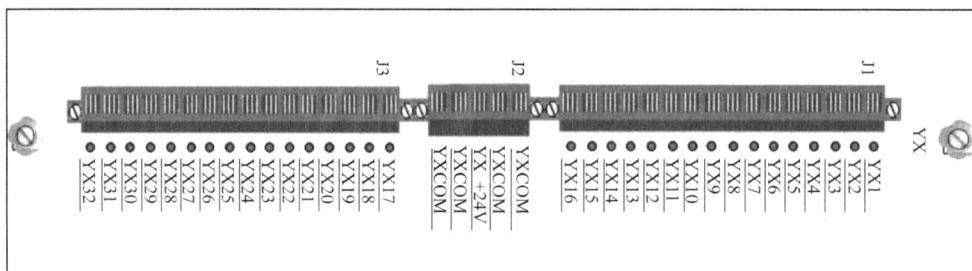

图 3-5 遥信板结构

2）遥信板指示灯与端子定义。遥信板信号采集路径为遥信板端子→站所终端 DTU 信号端子→环网柜各间隔信号端子→环网柜各间隔开关分合闸、储能、接地开关辅助触点。

信号回路的电压等级通常有两种：弱电信号（24V 和 48V）和强电信号（220V）。

通过遥信板指示灯，可以判断环网柜各条遥信线路的运行工作状态。

（4）遥控板（YK）。

1）功能描述。遥控板通过接收远程指令，实现对开关设备分合闸控制。可实现对环网柜开关设备远方/就地分合闸操作，实现远方对蓄电池的活化控制。遥控板（YK）结构如图 3-6 所示。

2）遥控板端子定义。遥控板控制路径为遥控板端子→站所终端 DTU 遥控端子→环网柜各间隔控制端子→各间隔分合闸控制回路。

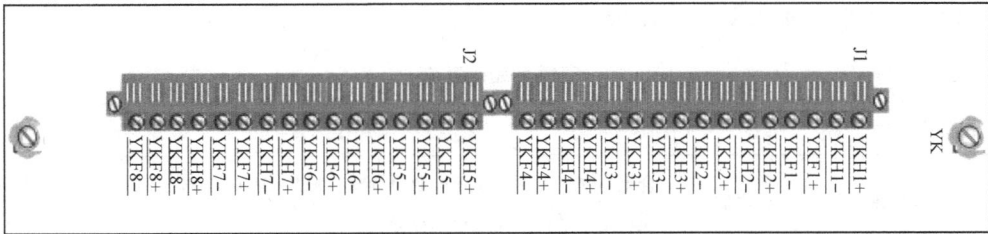

图 3-6　遥控板（YK）结构

每块 YK 板有 8 个开出量经光电隔离输出，输出触点容量为 DC 24V/16A 或者 AC 250V/16A。

（5）电源板（PWR）。

1）功能描述。站所终端 DTU 的工作电源取自 10kV 线路电压互感器二次侧 AC 220V，经过电源变压器降压变换后给装置提供工作电源（AC 220V/110V）。内部通过电源模块及 DC/DC 直流转换器产生＋5V、＋12V、＋24V 电压，以及操作电源（＋48V 或＋24V）电压。站所终端 DTU 也可选用 DC 220V/110V 直流电源为装置提供工作电源。电源板结构如图 3-7 所示。

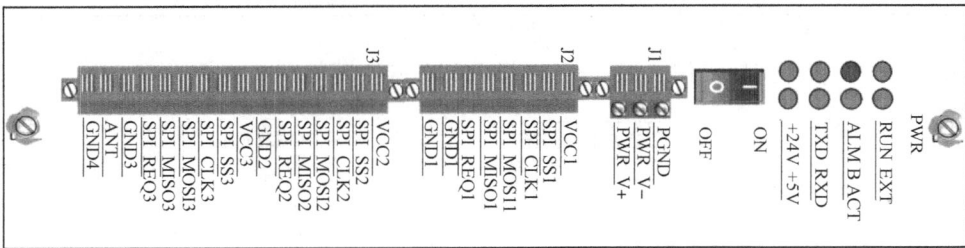

图 3-7　电源板结构

站所终端 DTU 可根据需要选配电池和通信电源，以保证线路掉电时装置能正常工作和通信回路的正常通信。

2）电源板指示灯说明。通过电源板上指示灯监测配电终端各电源系统的运行、故障状态。

2. 操作控制回路

（1）空气断路器操作。空气断路器和电源插座图如图 3-8 所示。

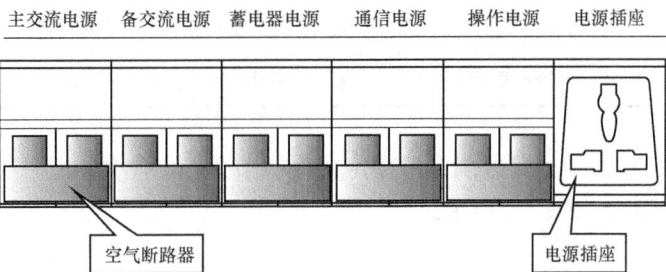

图 3-8　空气断路器和电源插座图

空气断路器功能如表 3-1 所示。

表 3-1 空气断路器功能

| 名称 | 内容 | 操作说明 |
| --- | --- | --- |
| 空气断路器 DK1 | 主交流电源 | 合上主交流电源（装置电源可为交直流 220V 或 110V），站所终端 DTU 电源模块上电运行，相关指示灯亮 |
| 空气断路器 DK2 | 备交流电源 | 合上备交流电源（装置电源可为交直流 220V 或 110V），当主交流电源失电后，自动切换为此交流电源工作 |
| 空气断路器 DK3 | 蓄电池电源 | 合上蓄电池电源，站所终端 DTU 由蓄电池供电 |
| 空气断路器 DK4 | 通信电源 | 合上通信电源，站所终端 DTU 给外接 Modem 或其他通信设备提供 DC 24V 工作电源 |
| 空气断路器 DK5 | 操作电源 | 合上操作电源，站所终端 DTU 给开关柜提供 DC 48V 或 DC 24V 机构操作电源 |
| 插座 CZ | 电源插座 | 电源插座和装置电源并联，对外提供电源，提供设备维护工作需要 |

（2）远方/就地旋钮操作。远方/就地指示灯和旋钮图如图 3-9 所示。

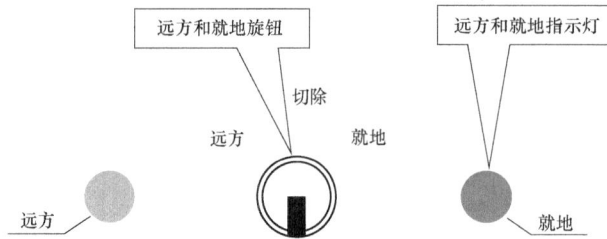

图 3-9 远方/就地指示灯和旋钮图

远方/就地旋钮功能如表 3-2 所示。

表 3-2 远方/就地旋钮功能

| 名称 | 内容 | 操作说明 |
| --- | --- | --- |
| 旋钮 | 远方指示灯 | 旋转开关旋到"远方"位置时，远方指示灯亮，站所终端 DTU 遥控有效 |
| | 就地指示灯 | 旋转开关旋到"就地"位置时，就地指示灯亮，本地操作有效 |

（3）合分闸出口操作。合分闸出口操作面板如图 3-10 所示。

合分闸操作说明如表 3-3 所示。

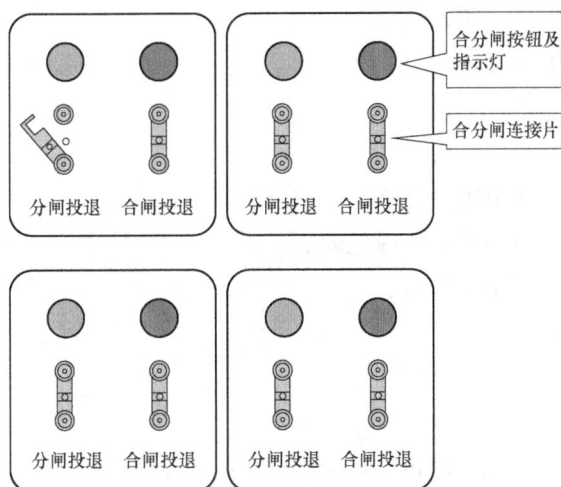

图 3-10 合分闸出口操作面板图

表 3-3 合分闸操作说明

| 名称 | 内容 | 说明 |
|---|---|---|
| 指示灯 | 合分闸指示灯 | 状态指示灯用于指示每一路开关的分合闸状态 |
| 按钮 | 合分闸按钮 | 分合闸按钮仅在开关就地操作方式下操作，在远方操作方式下处于无效状态 |
| 分合闸连接片 | 可断开合分闸出口 | 分合闸连接片为操作开关提供明显的断开点，在检修、调试时打开以防止信号进入分合闸回路，避免误操作 |

3. 人机接口

人机接口包括液晶面板（选配）、操作键盘及装置运行指示灯。通过液晶面板与操作键盘对站所终端 DTU 进行当地配置与维护，没有液晶面板，使用便携式个人计算机，通过维护通信口或通过主站远程对其进行配置和维护。

4. 通信终端

根据所接入的通道类型的不同，通信终端包括光纤通信终端（光以太网交换机、ONU 等）、无线通信终端、载波通信终端等。

5. 电源系统

站所终端 DTU 的工作电源通常取自环网柜内电压互感器的二次侧输出，供电电压为 AC 220V，特殊情况下使用附近的低压交流电（如市电），屏柜内安装智能电源模块，智能电源模块将交流电 AC 220V 转换为 DC 24V/48V，为整个装置提供工作电源，并对后备蓄电池进行智能维护，实现无缝自动投切的功能。

## 二、工具准备

（1）环网柜一、二次侧成套化设备。

（2）配电自动化实训系统。

（3）站所终端 DTU 设备。

（4）交流 220V 电源。

（5）继电保护测试仪。

（6）维护终端笔记本电脑（含终端测试软件）。

（7）万用表、钳形电流表、绝缘电阻表。

（8）螺钉旋具等常用电工工具。

（9）低压验电器。

### 三、材料准备

（1）红色、黄色、蓝色、黑色、双色测试导线若干条。

（2）金属测试夹若干。

（3）环网柜、站所终端 DTU 电气二次接线图。

（4）站所终端 DTU 技术使用产品说明书。

（5）站所终端 DTU 测试软件使用手册。

（6）设备信息点表。

### 四、人员准备

（1）指导教师必须保证两名以上，教师及学生应着长袖工作服，实训操作时应佩戴安全帽，环网柜一次设备倒闸操作应戴绝缘手套。

（2）每 5～6 名学生分为一组，在教师指导下各组学生轮流进行实际操作，每组学生设置一名专职安全监护人，全程对实训各环节进行安全监护。

（3）教师做规范演示后，学生按要求进行测试接线，教师对测试接线进行检查确认后，方可进行通电测试。

（4）调试前，首先应熟悉站所终端 DTU 的结构功能，技术使用产品说明书、电气二次接线图以及测试软件使用手册。

### 五、场地准备

（1）配电自动化实训现场配备合格、充足的安全工器具，并规范使用。

（2）实训现场具备明显的应急疏散标识，教师告知疏散路线。

（3）一次设备环网柜前铺设绝缘垫，装设围栏，并悬挂"有电危险"标志牌。

（4）终端调试区周围装设围栏或拉警戒线。

### 六、工作危险点分析及防范措施

（1）站所终端 DTU 通电之前，应仔细检查，确认装置外壳可靠接地。测试过程中

TA、TV 的二次侧均会产生危害人身安全的高电压，在进行测试时应小心，严格遵守相关操作规程。

（2）通电测试必须保证由老师全程指导，学生不能擅自进行操作。

（3）一、二次设备联调，环网柜的分合闸操作，严格执行有关安全操作规程。

## ⌨ 任务实施

### 一、通电调试前检查

（1）检查站所终端 DTU 交流电源的相线/零线（中性线）、直流电源正/负极是否正确，不能接反。

（2）检查站所终端 DTU 的遥信、遥测和遥控各回路接线是否正确，接触是否可靠。

（3）检查站所终端 DTU 的遥信电源 DC 24V 和操作电源 KM 正负极之间不可短路。

（4）检查站所终端 DTU 接地端子的接地是否可靠。

以上检查如发现有故障，及时排除故障点，如不能修复，中止调试。

检查完毕后通电，站所终端 DTU 的电源板各指示灯都点亮，其他功能面板上的运行灯 RUN 开始亮、灭交替闪烁。

### 二、终端测试软件与站所终端 DTU 通信连接

具体操作方式与馈线终端 FTU 相同。

### 三、站所终端 DTU 功能调试

终端测试软件与站所终端 DTU 通信连接成功后，可进行电源、"三遥"、继电保护功能、联调传动等调试。

（一）电源系统调试

1. 识读电源系统二次回路图

站所终端 DTU 电源系统原理图如图 3-11 所示。

（1）防雷回路：为防止雷击和内部过电源压，站所终端 DTU 电源系统通常在交流进线处安装电源滤波器和防雷模块。

（2）双电源切换：两路交流电源输入 AC1、AC2 分别取自环网柜的两条进线内的电压互感器二次侧 220V，正常工作时，一路作为主电源，另一路作为备用电源，两路电源具备自动切换功能，当主供电源 AC1 失电时，自动切换到备用电源 AC2。

（3）整流回路：把交流输入转换成直流输出，给输出回路、充电回路供电。

（4）电源输出：将整流回路或蓄电池的直流输出给测控单元、通信终端及开关操动机构供电。

（5）充放电回路：用于蓄电池的充放电管理。充电回路接收整流回路输出，给蓄电

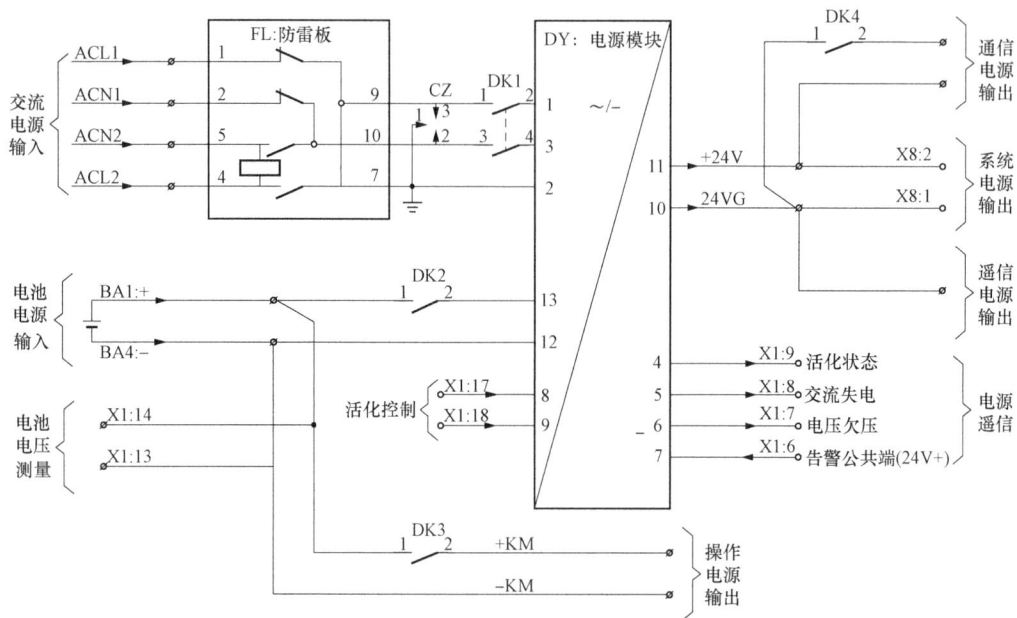

图 3-11　电源系统原理图

池充电，采用恒流、恒压两种充电方式，充电完成后，转为浮充电方式。放电回路接有放电电阻，定期对蓄电池活化，恢复其容量。

（6）后备电源：在失去交流电源时，为站所终端 DTU、通信终端以及开关分/合操作提供不间断供电，当交流电源恢复供电时，装置应自动切回交流供电。可采用蓄电池或超级电容作为后备电源供电。

（7）活化设置：站所终端 DTU 对电源模块运行状态进行监控，通过终端后台维护软件可设置自动活化，或远程遥控/就地活化蓄电池。自动活化过程中也能响应手动活化的信号。

（8）配电终端的电池仓安装了蓄电池，不需更改箱体结构，电池的安装、拆卸可徒手操作而不需借助工具，更换、维护方便。

2. 识别电源端子

站所终端 DTU 采用交直流 220V/110V 供电方式，电池在交直流停电情况下可供电，电池供电有 DC 48V 和 DC 24V 两种。

站所终端 DTU 的交流工作电源通常取自环网单元进线柜 TV 的二次侧 AC 220V输出。

电源端子实物如图 3-12 所示。

3. 电源系统调试

（1）交流电源通电测试。

1）合上操作面板主交流电源空气断路器。

2）观察电源指示灯、运行指示灯是否长亮状态。

（2）备用电源通电测试。

1）在正常工作状态下（交流电源），合上操作面板蓄电池电源空气断路器。

2）用万用表检查电池输出的工作电压，是否为输出 24V/48V。

3）观察电源指示灯、运行指示灯是否长亮状态。

（3）双回路交流电源自动投切测试。

1）在正常工作状态下（合上交流主电源和备用交流电源空气断路器，两路交流电源均有电）。

2）分开交流主电源空气断路器，观察站所终端 DTU 是否正常运行，此时站所终端 DTU 状态由交流主电源供电模式，自动无缝切换到交流备用电源供电模式。

3）观察电源指示灯、运行指示灯是否长亮状态。

（4）交流电源故障自动切换到备用电源供电测试。

1）在正常工作状态下（已合上操作面板交流主、备电源空气断路器，以及蓄电池电源空气断路器）。

2）分开交流主、备电源空气断路器，此时站所终端 DTU 状态由交流供电自动无缝切换到蓄电池供电模式。

3）观察站所终端 DTU 是否正常运行，电源指示灯灭，运行指示灯亮。

4）合上站所终端 DTU 面板交流主、备电源空气断路器，此时站所终端 DTU 状态由电池供电，自动无缝切换到交流供电模式。

5）观察电源指示灯、运行指示灯是否长亮状态。

（二）遥信功能调试

1. 识读遥信二次回路图

站所终端 DTU 默认配置接 60 个遥信量（配置两块遥信插件，每块插件 30 个遥信），遥信量从开关柜接入，接入遥信点定义与开关柜侧遥信相对应，如 201 号开关柜的开关合位置接 YX1，则 YX1 表示 201 号开关合位遥信。接线方式如图 3-13 所示。每回路按 4 个遥信量配置，可灵活扩展。

2. 识别遥信端子

遥信端子实物如图 3-14 所示。

3. 遥信功能调试

（1）站所终端 DTU 远方/就地。

1）转换站所终端 DTU 远方/就地开关。

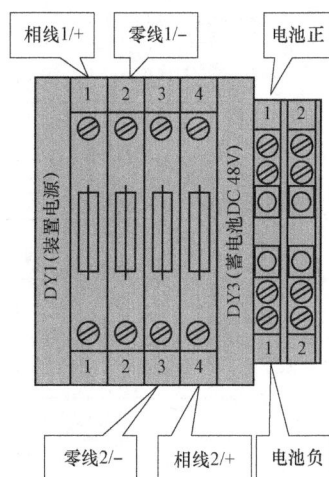

图 3-12　电源端子结构示意图

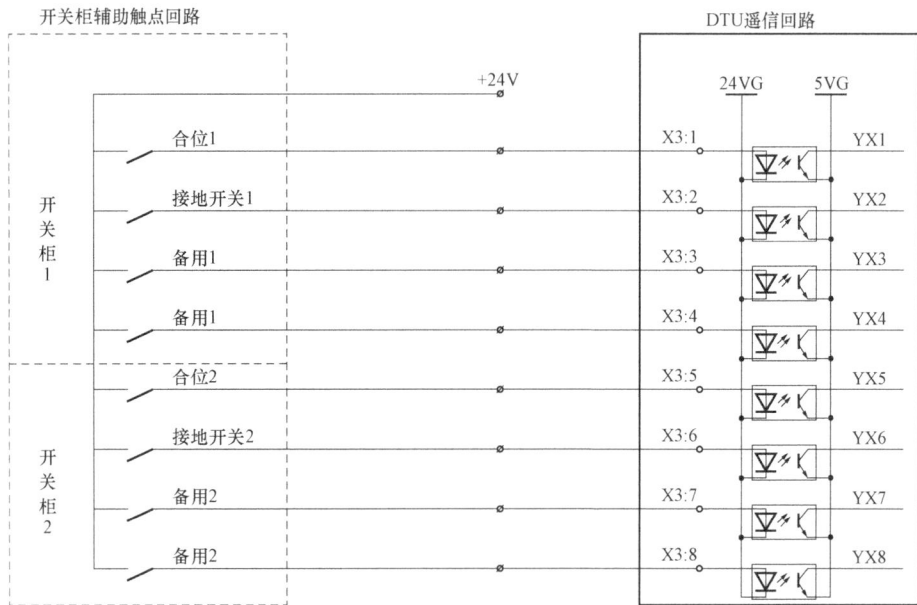

图 3-13　遥信回路接线原理图

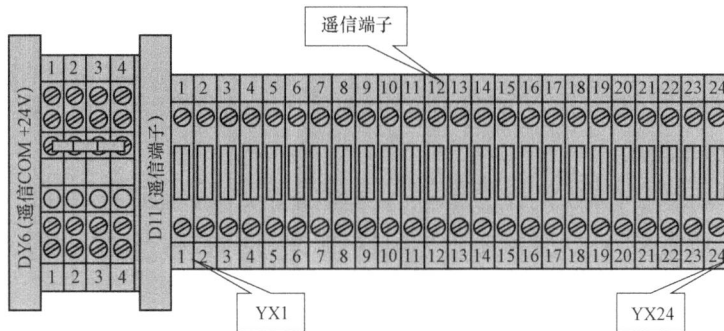

图 3-14　遥信端子结构示意图

2）观察终端测试软件显示远方/就地遥信状态是否正确。

3）观察遥信板远方/就地对应指示灯显示是否正确。

（2）环网柜远方/就地。

1）转换 4 路环网柜一次设备远方/就地开关。

2）观察终端测试软件显示 4 路环网柜远方/就地遥信状态是否正确。

3）观察遥信板 4 路环网柜远方/就地对应指示灯显示是否正确。

（3）站所终端 DTU 交流失电。

1）在正常工作状态下（交流电源断路器合上，蓄电池电源断路器合上），分开主、备交流电源断路器。

2）观察站所终端 DTU "交流电源" 指示灯由亮至灭。

3）观察终端测试软件交流电源遥信显示状态是否正确。

（4）站所终端 DTU 电池活化。

1）按住站所终端 DTU 电源模块上的"电池活化"按钮。

2）观察电源模块"电池活化"指示灯亮。

3）观察终端测试软件电池活化遥信显示状态是否正确。

（5）环网柜开关分合闸。

1）就地操作 4 路环网柜开关分合闸。

2）观察终端测试软件 4 路环网开关柜储能遥信显示状态是否正确。

3）观察遥信板 4 路环网柜储能对应指示灯显示是否正确。

4）观察终端测试软件 4 路环网柜开关合位遥信显示状态是否正确。

5）观察遥信板 4 路环网柜开关合位对应指示灯显示是否正确。

6）观察终端测试软件 4 路环网柜开关分位遥信显示状态是否正确。

7）观察遥信板 4 路环网柜开关分位对应指示灯显示是否正确。

（6）环网柜接地开关分合闸。

1）在环网柜分闸状态下，合 4 路环网柜接地开关。

2）观察终端测试软件 4 路环网柜接地开关遥信显示状态是否正确。

3）观察遥信板 4 路环网柜接地开关对应指示灯显示是否正确。

遥信功能调试，实际工作现场还要根据设备信息点表，与主站核对遥信上传点位是否正确，遥信量显示是否与现场一致。

遥信功能调试记录表如表 3-4 所示。

表 3-4　　　　　　　　　站所终端 DTU 遥信调试记录表

| 序号 | 调试项目 | 实验现象 | 调试结论 |
|---|---|---|---|
| 1 | 站所终端 DTU 远方/就地 | | |
| 2 | 环网柜远方/就地 | | |
| 3 | 站所终端 DTU 交流失电 | | |
| 4 | 站所终端 DTU 电池活化 | | |
| 5 | 环网柜开关分合闸 | | |
| 6 | 环网柜接地开关 | | |

（三）遥测功能调试

1. 识读遥测电压二次回路图

站所终端 DTU 具有多路遥测功能，站所终端 DTU 标配采样电压为 2 个线电压（$U_{ab}$、$U_{cb}$），采样电压接线如图 3-15 所示。

2. 识别遥测（电压）端子

遥测（电压）端子实物如图 3-16 所示。

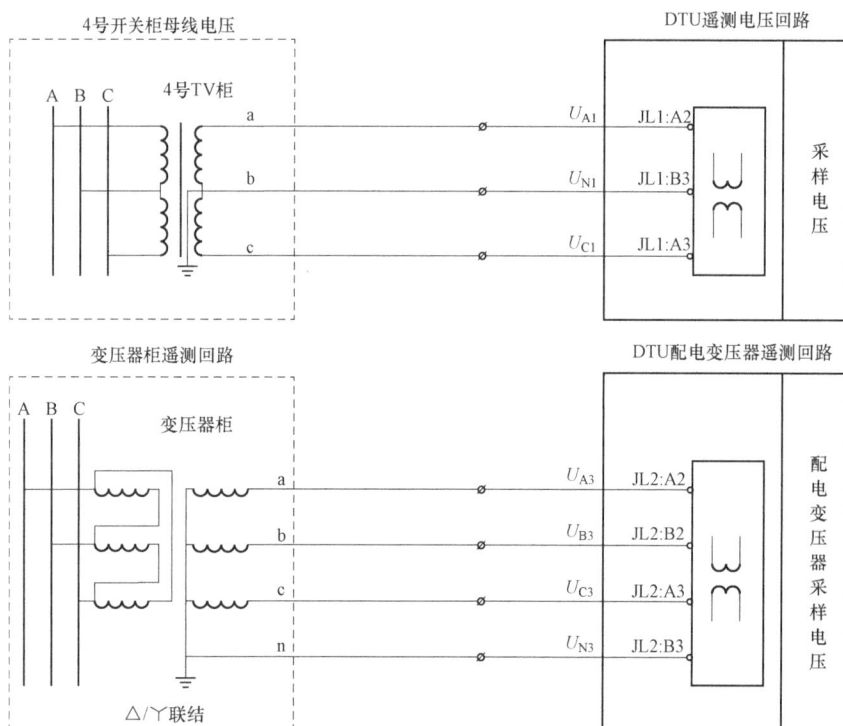

图 3-15  采样电压接线原理图

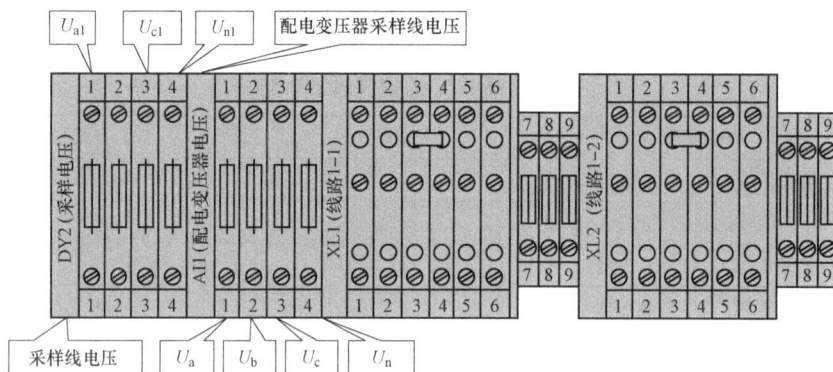

图 3-16  遥测（电压）端子结构示意图

3. 识读遥测电流二次回路图

站所终端 DTU 具有多路遥测功能，采样电流为 $I_a$、$I_b$（$I_0$）、$I_c$，可采 8 路电流（24 个），采样电流接线如图 3-17 所示。

4. 识别遥测（电流）端子

遥测（电流）端子实物如图 3-18 所示。

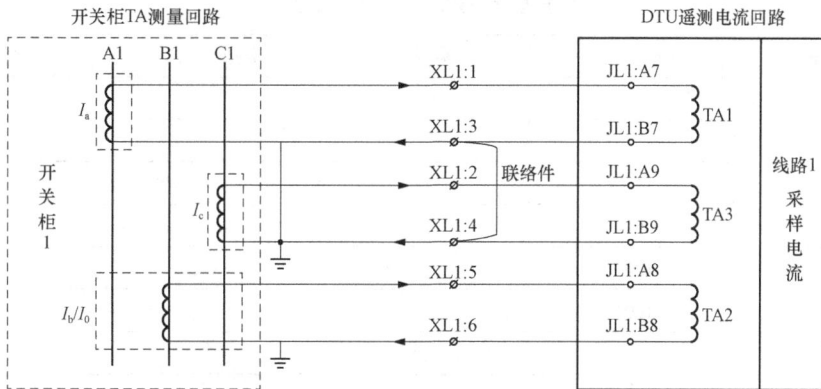

图 3-17　采样电流接线原理图

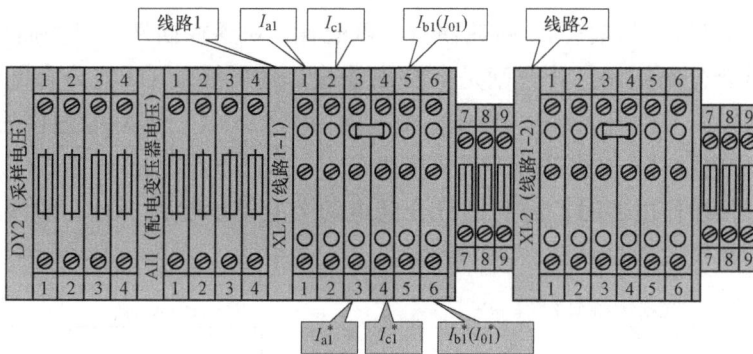

图 3-18　遥测（电流）端子结构示意图

5. 遥测功能调试

（1）站所终端 DTU 正常上电，根据电气二次接线图，将环网柜某一线路的电流、电压端子与继电保护测试仪相连。

注意事项：为防止测试中，测试回路反送电，接线前需断开站所终端 DTU 电流、电压端子与环网柜一次设备的二次回路连接，电流端子防止开路，电压端子防止短路。

（2）用继电保护测试仪输出额定值的电流、电压，如表 3-5 所示。

（3）在终端测试软件实时数据"遥测"界面读取电流、电压值，并记录在表 3-5 中。

（4）计算站所终端 DTU 电流、电压通道测量误差，分析误差是否满足要求（测量偏差应不超过 ±0.5%）。

（5）实际工作现场还要根据设备信息点表，与主站核对遥测数据上传点位、数据显示是否正确。

遥测功能调试结果记录在表 3-5 中。

**表 3 - 5**                                站所终端 DTU 遥测调试记录表

| 遥测量 | 标准值 | 实测值 | 误差结果 | 是否合格 |
|--------|--------|--------|----------|----------|
| $I_a$ | 5A | | | |
| $I_b$ | 5A | | | |
| $I_c$ | 5A | | | |
| $I_0$ | 5A | | | |
| $U_{ab}$ | 100V | | | |
| $U_{bc}$ | 100V | | | |
| $U_{ca}$ | 100V | | | |

（四）遥控功能调试

1. 识读遥控二次回路图

站所终端 DTU 默认配置 24 路遥控量（可配置三块遥控插件，每块插件 8 路遥控）对开关柜进行合分闸控制。分合闸是空触点输出，站所终端 DTU 分合闸电源公共端 +KM1、+KM2、…、+KM$n$ 和操作电源（DC 48V/24V）+KM 是短接的，站所终端 DTU 提供操作电源时，虚线部分不需要接线。

开关柜提供操作电源时，需要把分合闸电源公共端的短接拆掉，虚线部分需要接线。控制输出接线示意图如图 3 - 19 所示。

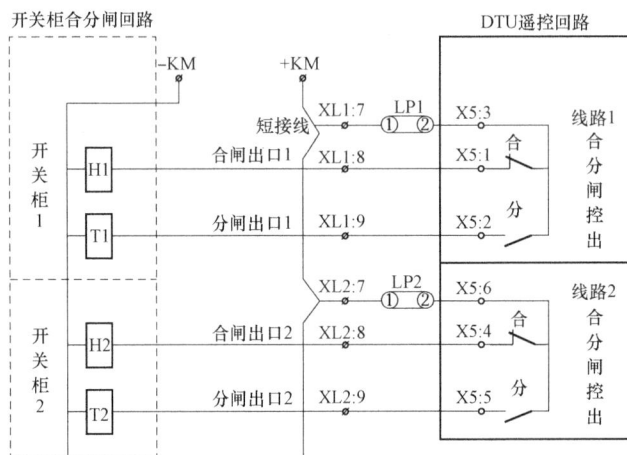

图 3 - 19  遥控回路接线原理图

2. 识别遥控端子

遥控端子实物如图 3 - 20 所示。

3. 遥控功能调试

（1）站所终端 DTU 就地操作。

1）站所终端 DTU 正常上电，将站所终端 DTU 远方/就地转换开关置于"就地"。

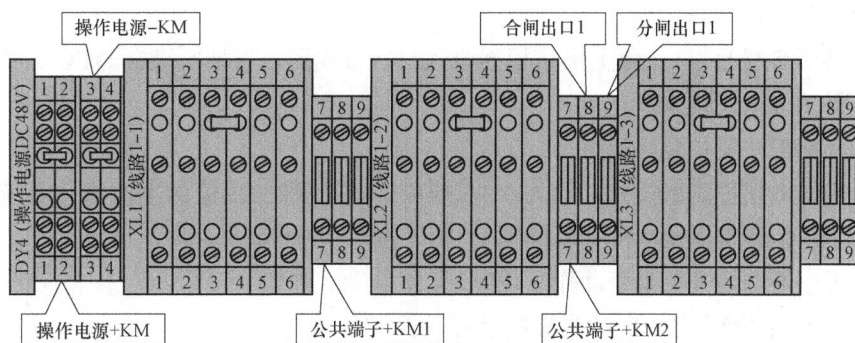

图 3-20　遥控端子结构示意图

2）就地操作站所终端 DTU 各支路合、分闸操作按钮。

3）观察环网柜开关合、分闸状态是否正确。

4）为确保操作安全，可投入和退出连接片分别进行合、分闸操作一次，当退出连接片时，合、分闸不成功。

（2）终端测试软件遥控操作。

1）站所终端 DTU 正常上电，将站所终端 DTU 远方/就地转换开关置于"远方"。

2）在终端测试软件遥控操作界面对环网柜各支路分别进行合、分闸操作。

3）观察环网柜开关合、分闸状态是否正确。

4）为确保操作安全，可投入和退出连接片分别进行合、分闸操作一次，当退出连接片时，合、分闸不成功。

5）实际工作现场还要根据设备信息点表，与主站核对遥控信息，实现对环网柜一次设备的远程遥控联调。

遥控功能调试记录表如表 3-6 所示。

表 3-6　　　　　　　　　　站所终端 DTU 遥控调试记录表

| 分合闸操作 | 相关连接片投退 | 开关动作结果 |
|---|---|---|
| 站所终端 DTU 就地分闸 | 退出 | |
| 站所终端 DTU 就地分闸 | 投入 | |
| 站所终端 DTU 合闸 | 退出 | |
| 站所终端 DTU 合闸 | 投入 | |
| 终端测试软件遥控分闸 | 退出 | |
| 终端测试软件遥控分闸 | 投入 | |
| 终端测试软件遥控合闸 | 退出 | |
| 终端测试软件遥控合闸 | 投入 | |

（五）继电保护功能调试

（1）站所终端DTU正常上电，根据电气二次接线图，将站所终端DTU二次电流端子与继电保护测试仪相连。

（2）环网柜开关在合闸状态。

（3）用继电保护测试仪分别输入0.95倍和1.05倍保护定值的电流进行系统故障模拟（保护定值从终端测试软件站所终端DTU配置文件中读取）。

（4）观察环网柜开关是否动作。

（5）观察站所终端DTU的告警指示灯是否点亮。

（6）观察终端测试软件读取的SOE数据是否正确。

继电保护功能调试记录表如表3-7所示。

表3-7　　　　　　　　　　站所终端DTU保护功能调试记录表

| 整定定值 | 电流速断保护<br>电流定值（ ）A | | 过电流保护<br>电流定值（ ）A，延时（ ）s | |
|---|---|---|---|---|
| 故障情况 | 0.95倍定值 | 1.05倍定值 | 0.95倍定值 | 1.05倍定值 |
| 结论 | | | | |

（六）联调传动调试

电源系统、"三遥"、继电保护功能调试后，通过主站实现对环网柜一次设备的远程遥控联调。

（1）站所终端DTU正常上电，环网柜、站所终端DTU远程控制工作状态。

（2）在配电主站控制操作界面上，对4路环网柜分别进行分合闸操作。

（3）观察4路环网柜开关的动作状态是否与配电主站控制一致。

（4）观察配电主站设备状态信息是否与环网柜开关状态信息一致。

联调功能调试记录表如表3-8所示。

表3-8　　　　　　　　　　站所终端DTU联调传动调试记录表

| 配电主站分合闸操作 | 开关动作结果 | 配电主站、开关状态信息 |
|---|---|---|
| 合闸 | | |
| 分闸 | | |

## 任务评价

本任务评价见表3-9。

表 3-9 站所终端 DTU 的功能调试任务评价表

| 姓名 | | 学号 | | | | | |
|---|---|---|---|---|---|---|---|
| 序号 | 评分项目 | 评分内容及要求 | 评分标准 | 扣分 | 得分 | 备注 | |
| 1 | 预备工作<br>（5分） | 安全着装 | （1）未按照规定着装，每处扣1分。<br>（2）其他不符合条件，酌情扣分 | | | | |
| 2 | 继电保护测试仪使用（5分） | 会正确使用继电保护测试仪 | 不会正确使用继电保护测试仪，扣5分 | | | | |
| 3 | 终端维护软件使用，通信连接，参数上、下装（10分） | 会正确使用终端测试软件，维护终端笔记本电脑与站所终端DTU建立通信连接，正确进行参数上、下装 | （1）不能正确建立通信连接，扣5分。<br>（2）不能正确进行参数上、下装，扣5分 | | | | |
| 4 | 正确识读站所终端DTU二次回路图（25分） | （1）正确识读站所终端DTU装置电源、通信、遥测、遥信、遥控二次原理图。<br>（2）通过二次原理图、接线图正确进行测试接线 | （1）5个接线原理图，正确分析一个接线原理图3分，分析不正确酌情扣分。<br>（2）按照二次原理图，和接线图进行端子排接线，5个实际接线操作分值10分，一个不正确接线扣2分 | | | | |
| 5 | 站所终端DTU通电测试（40分） | （1）通电测试前安全检查。<br>（2）电源系统调试。<br>（3）遥信功能调试。<br>（4）遥测功能调试。<br>（5）遥控功能调试。<br>（6）继电保护功能调试。<br>（7）联调传动调试 | 7个测试项目，未正确进行通电测试前安全检查、遥控功能调试、遥测功能调试、继电保护功能调试每个扣5分，未正确进行遥信功能调试扣10分 | | | | |
| 6 | 环网柜规范操作（5分） | 按照规程正确对环网柜设备进行分合闸操作 | 未按规程对环网柜进行操作；<br>（1）违反安全规程，扣5分；<br>（2）操作程序错误，扣2分 | | | | |
| 7 | 综合素质（10分） | （1）实训态度认真，独立完成相关知识的学习。<br>（2）严格遵守安全操作规程，测试过程中不违反有关规定 | | | | | |
| 合计 | 总分100分 | | | | | | |

| 任务开始时间 时 分 | | 实际时间 | |
|---|---|---|---|
| 结束时间 时 分 | | 时 分 | |
| 教师 | | | |

## ⌨ 任务扩展

配电终端与传统的配电设备在运维及管理上属于交叉地带，在站所终端 DTU 运维时，环网柜的二次回路通常容易被忽略，实际运行中环网柜配电二次回路是配电自动化系统实现监视、控制等功能的基础，所以进行站所终端 DTU 运维，也应同步对配电设备的二次回路及一次辅助设施进行运维，因此运维人员必须同时具备配电终端、环网柜二次回路的岗位能力，才能保障配电自动化一、二次设备的稳定运行。

熟悉掌握站所终端 DTU 电气接线图，熟悉掌握环网柜电气二次原理图和电气接线图。

# 任务二　站所终端 DTU 的运行维护

## ⌨ 任务目标

（1）熟悉配电终端常见缺陷和处理原则，能够完成对站所终端 DTU 的日常运行维护，正确填写巡视检查记录表。

（2）能够对站所终端 DTU 常见缺陷进行分析、判断和处理。

## ⌨ 任务描述

本任务分两个方面：其一是站所终端 DTU 的日常维护，任务的实施围绕站所终端 DTU 终端设备和环网柜一、二次成套化设备开展，结合现场实际工作内容，主要包括外观检查、运行工况检查、电源系统检查等，并填写巡视检查记录表；其二是围绕典型工作案例，通过事故缺陷现象，引导学生完成对站所终端 DTU 常见缺陷的分析、判断和处理，提高学生解决实际问题的能力。

## ⌨ 任务准备

### 一、知识准备

配电终端现场缺陷主要集中在通信环节、电源部分、开关机构及二次回路等环节，特别对于改造后的自动化设备缺陷率较高，了解配电终端常见异常及缺陷，掌握缺陷处理分析方法、处理措施和处理原则，为配电终端的运维提供参考。

配电终端常见缺陷和处理原则：

（一）遥测数据异常及处理

遥测数据异常主要有交流电压异常、交流电流异常和直流量异常等。

1. 交流电压采样异常的处理

（1）首先判断电压异常是否属于电压二次回路问题，用万用表测量终端遥测板电压输入端子电压值。若二次输入电压异常，应逐级向电压互感器侧检查电压二次回路，直至电压互感器二次侧引出端子位置，若电压仍然异常，即可判定为电压互感器一次输出故障。

（2）若二次输入电压正常，应使用终端维护软件查看终端电压采样值是否正常，若正常即可判定为配电主站侧遥测参数配置错误，否则应检查终端遥测参数配置是否正确，若正确即可判定为终端本体故障。

2. 交流电流采样异常的处理

（1）首先判断电流异常是否属于电流二次回路问题，用钳形电流表测量终端遥测板电流输入回路电流值。若二次输入电流异常，应逐级向电流互感器侧检查电流二次回路，直至电流互感器二次侧引出端子位置，若电流仍然异常，即可判定为电流互感器一次输出故障。

（2）若二次输入电流正常，应使用终端维护软件查看终端电流采样值是否正常，若正常即可判定为配电主站侧遥测参数配置错误，否则应检查终端遥测参数配置是否正确，若正确即可判定为终端本体故障。

（二）遥信数据异常及处理

遥信是一种状态量信息，反映的是断路器、隔离开关、接地开关等位置状态信息和过电流、过负荷等各种保护信息。

1. 遥信信号异常的处理

（1）应检查遥信电源是否正常，遥信电源故障会导致所有遥信状态都处于异常。

（2）应判断信号状态异常是否属于二次回路的问题，用万用表对遥信点与遥信公共端测量，如果信号状态与实际不符，则检查遥信采集回路的辅助触点或信号继电器触点是否正常，端子排内外部接线是否正确、是否有松动、是否压到电缆表皮、有没有接触不良情况。

（3）若外部遥信输入正常，应使用终端维护软件查看终端遥信采样值是否正常，若正常即可判定为配电主站侧遥信参数配置错误，否则应检查终端遥信参数配置是否正确，若正确即可判定为终端本体故障。

2. 遥信异常抖动的处理

（1）检查配电终端装置外壳和电源模块是否可靠接地，若没有接地则做好接地。

（2）检查配电终端防抖时间设置是否合理，可以适当延长防抖时间 200ms 左右。

（3）检查该二次回路连触点是否牢靠，螺栓是否拧紧，压线是否压紧。

（4）将配电终端误发遥信的二次回路在环网柜辅助回路处进行短接后进行观察。

（三）遥控信息异常及处理

配电终端遥控信息异常主要是指配电终端对遥控选择、遥控返校、遥控执行等命令的处理异常。

1. 遥控选择失败的处理

（1）配电主站"五防"逻辑闭锁，带接地开关合断路器、带负荷电流拉开关导致误停电。

（2）配电主站与配电终端之间通信异常，可以在通信网管侧查看终端侧通信终端是否在线，应确保终端在线、与主站通信正常的前提下，进行遥控操作。

（3）配电终端处于就地位置，面板上有"远方/就地"切换把手，将其切换到"远方"即可。

（4）CPU 板件故障。关闭装置电源，更换 CPU 板件。

2. 遥控返校失败的处理

（1）遥控板件故障，会导致 CPU 不能检测遥控返校继电器的状态，从而发生遥控返校失败，可关闭装置电源，更换遥控板件。

（2）遥控加密设置错误，密钥对选择错误。

3. 遥控执行失败的处理

（1）遥控执行继电器无输出，可判断为遥控板件故障，可关闭装置电源，更换遥控板件。

（2）遥控执行继电器动作但端子排无输出，检查遥控回路接线是否正确，还需检查对应连接片是否合上。

（3）遥控端子排有输出但开关电动操动机构未动作，检查开关电动操动机构。

（四）通信通道异常及处理

1. 通信通道异常处理

（1）首先应该由通信运维人员核查通信网管系统，核查通信终端是否有异常告警信息。

（2）对于单个配电终端通信异常，可由现场运维人员到现场检查终端网口是否正常通信、网络线是否完好、网络交换机工作是否正常、网络参数是否配置正确，需正确配置路由器，合理分配通信用 IP、子网掩码及正确配置网关地址。

（3）对于某条线路出现终端同时掉线情况，可在网管系统判断是否出现 OLT 设备故障告警信息，如无则可判断为通信光缆被破坏，需要通信运维人员到现场进行确认，并尽快恢复。

（4）对于主站系统内所有终端出现同时掉线情况，基本可以判断为配电主站到通信主站之间的链路或核心交换机设备故障，应由主站运维人员与通信运维人员协同处理。

2. 终端通信接口异常处理

（1）RS-232 通信口通信失败，确认通信电缆正确并与通信口（RS-232）接触良好，使用终端后台维护工具通过维护口确认通信规约、波特率，终端站址配置正确，若通信仍未建立，立即按复位按钮（RESET）持续大约 2s，使终端复位。

（2）网络通信失败，确认通信电缆正确并与网络口（TCP/IP）接触良好，可观察网络收发及连接指示灯是否正常，使用 USB 维护口工具读取 IP 配置，确认 IP 配置的正确性，通过 PC 机采用 ping 命令，测试设备网络是否正常，若通信仍未建立，立即按复位按钮（RESET）持续大约 2s，使终端复位。

（五）电源异常及处理

常见的电源回路异常主要包括主电源回路异常和后备电源异常。

1. 主电源回路异常的处理

主电源回路异常包括交流回路异常、电源模块输出电压异常等。分别测量 TV 柜、终端屏柜接线端子电压，若电源模块输入异常，即交流回路异常，需按以下步骤进行检查：

（1）检查交流空气断路器是否跳闸或者熔丝是否完好，若没跳闸且熔丝没问题，检查电源回路是否有故障。

（2）若空气断路器正常，检查确认 TV 所在线路是否失电。

（3）若线路有电，检查 TV 柜侧二次端子是否有电。

（4）若 TV 柜侧有电，检查终端屏柜侧端子排是否有电。

（5）若端子排有电，检查到空气断路器导线是否有松动，空气断路器是否坏掉，以及中间继电器是否正常。若电源模块输入正常，但输出异常，需检查电源模块接线和模块本身是否损坏。

2. 后备电源异常的处理

后备电源异常主要是指交流失电后后备电源不能正常供电，有可能是蓄电池本体故障，也有可能是 AC/DC 电源模块后备电源管理出现故障。

处理方法：查看蓄电池接线是否松动、蓄电池是否有明显漏液或损坏，排查后若无接触不良或损坏；查看蓄电池输出电压是否正常，是否存在"欠电压"；如果蓄电池电压正常，则可判定为 AC/DC 电源模块故障。

## 二、工具准备

（1）站所终端 DTU 设备。

（2）环网柜一、二次成套化设备。

（3）配电自动化实训系统。

（4）维护终端笔记本电脑（含终端测试软件）。

（5）万用表、钳形电流表、绝缘电阻表。

（6）螺钉旋具等常用电工工具。

（7）低压验电器。

## 三、材料准备

（1）红色、黄色、蓝色、黑色、双色测试导线若干条。

（2）金属测试夹若干。

（3）环网柜、站所终端 DTU 电气二次接线图。

（4）站所终端 DTU 技术使用产品说明书。

（5）站所终端 DTU 测试软件使用手册。

## 四、人员准备

（1）指导教师至少保证两名，教师及学生应着长袖工作服，实训操作时应佩戴安全帽，一次设备倒闸操作应戴绝缘手套。

（2）站所终端 DTU 常见缺陷分析、判断和处理，每 5～6 名学生分为一组，教师演示典型工作案例，各组学生在教师引导下，通过事故现象对设备缺陷进行分析、判断和处理。

## 五、场地准备

（1）配电自动化实训现场配备合格、充足的安全工器具，并规范使用。

（2）实训现场具备明显的应急疏散标识，教师提前告知疏散路线。

（3）一次设备环网柜前铺设绝缘垫，装设围栏，并悬挂"有电危险"标志牌。

（4）终端调试区周围装设围栏或拉警戒线。

## 六、工作危险点分析及防范措施

（1）教师进行案例演示，学生观察故障现象，进行分析、判断和处理，实际操作时，做好安全措施，防止触电事故发生。

（2）案例演示涉及一次设备环网柜的规范操作，操作过程中，设监护人、操作人，正确填写操作票，严格按照操作程序进行，防止误操作。

## ⌨ 任务实施

### 一、站所终端 DTU 的日常运行维护

（一）外观检查

站所终端 DTU 外观检查如图 3-21 所示。

（1）箱体密封检查，防尘、防雨水、防腐蚀是否符合运行工作要求，对箱体内部进行清洁处理。

（2）控制电缆布线、标识检查与维护，设备的铭牌、标牌及标志应清晰、清洁、美观、醒目、耐久。

（3）接地检查，站所终端 DTU 接地不能虚接，要牢固，接地线符合规范要求。

（4）二次端子排的检查，端子排接线要牢固可靠，不能虚接，巡检时要进行紧固检查。

（二）运行工况检查

运行巡检时，运行指示灯检查的重要区域是站所终端 DTU 的工作状态指示灯，不

同站所终端 DTU 产品指示灯配置略有差异，总体包括电源指示灯、运行指示灯、故障报警指示灯、网络运行指示灯、"三遥"运行指示灯、电池欠电压指示灯、一次设备线路运行监测指示灯、一次设备过电流指示灯等。

　　站所终端 DTU 正常运行时，运行灯应亮、灭交替闪烁；正常通信时，对应的接收或发送指示灯应闪烁。站所终端 DTU 出现故障时，故障指示灯亮。

　　运行工况检查时严禁带电进行各插拔功能插件操作。

　　（三）电源系统检查

　　（1）交流电源系统检查。检查确认站所终端 DTU 设备交流电源空气断路器状态、检查电源接线端子接线是否紧固牢靠，接线端子处有无放电痕迹，设备电源模块如果处于充电状态，证明现场 220V 工作电源正常。

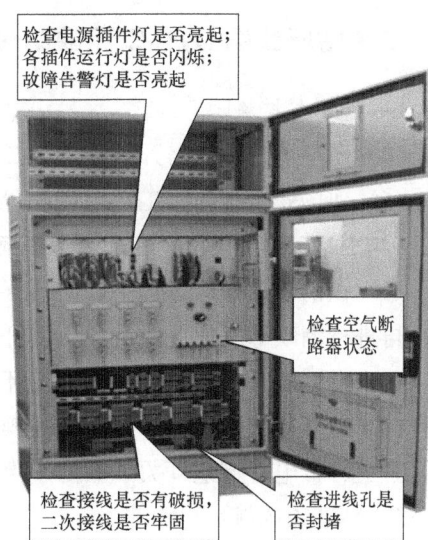

检查电源插件灯是否亮起；各插件运行灯是否闪烁；故障告警灯是否亮起

检查空气断路器状态

检查接线是否有破损，二次接线是否牢固

检查进线孔是否封堵

图 3-21　站所终端 DTU 外观检查

　　（2）后备电源系统检查。蓄电池是否漏液、电池欠电压指示灯是否闪亮，蓄电池活化周期为 90 天，可以通过主站进行远程遥控电池活化，以保证设备后备电源的正常使用。

　　配电终端 DTU 维护检查后，须填写配电自动化设备巡视检查记录表（站所终端 DTU），如表 3-10 所示。

表 3-10　　　　　　　配电自动化设备巡视检查记录表（站所终端 DTU）

| 序号 | 站名 | 站编号 | 远方/就地手柄 | 交换机（若为光纤通信站室请巡视此项） | 无线通信模块 | 站所终端 DTU 检查 | 网线、光纤检查 | 环境检查 | 巡视人 | 巡视日期 | 巡视结果 |
|---|---|---|---|---|---|---|---|---|---|---|---|
| 例 | ×××开关站 | ××× | 所有已投运10kV 开关的远方/就地手柄置于"远方"位置，未投运开关置于"就地"位置 | 交换机电源灯长亮 | 电源灯长亮，数据灯闪亮 | 站所终端 DTU 各功能板"RUN"灯正常闪亮，站所终端 DTU 三个电源空气断路器（交流电源、电操电源、通信电源）处于合闸位置 | 各网线（光纤）无脱落、明显损伤 | 自动化设备无凝露、严重锈蚀痕迹等现象 | ××× | ××月××日 | 正常（有其他问题在此简单描述） |
| 1 | | | | | | | | | | | |
| 2 | | | | | | | | | | | |

## 二、站所终端 DTU 常见缺陷分析、判断和处理

（一）安全措施

（1）现场消缺工作需开具线路第二种工作票。

（2）现场安全措施：工作现场放置安全围栏，悬挂"在此工作"等安全警示牌。

（二）站所终端 DTU 消缺注意事项

（1）在消缺及投运过程中，站所终端 DTU 装置首先需断开操作回路、通信回路电源，再进行消缺等工作，以避免引发开关柜误动。

（2）在消缺及投运过程中，涉及环网柜一次设备开关分合闸操作、隔离开关分合闸操作、接地开关分合闸操作时应填写操作票，严格按照操作程序执行操作，严禁防止误分合开关、带电合接地开关事故的发生。

（三）事故案例

案例 1：站所终端 DTU 电源异常

（1）缺陷描述：配电主站发出告警信号，某站所终端 DTU 装置主交流工作电源失电。

（2）缺陷分析查找。

1）站所终端 DTU 的主、备交流工作电源 AC 220V，通常分别取自环网柜的两路进线内的电压互感器二次侧。

2）站所终端 DTU 主交流工作电源失电告警，配电主站显示一次设备开关柜遥信点为合位，遥测电压、电流正常，判断一次设备正常。

3）现场检查站所终端 DTU 工作电源通过双电源自动切换，主供交流电源失电时，自动切换到备用交流电源。此时工作电源自动切换为备用交流电源。

4）检查站所终端 DTU 操作面板的空气断路器，确认主交流电源空气断路器在闭合状态。判断主交流电源空气断路器状态正常。

5）用万用表测量主交流电源空气断路器交流输入接线端输入电压，无指示，正常状态是交流 220V，判断交流电源供电侧异常。

6）站所终端 DTU 主交流供电输入端电压异常，判断进线环网柜内电压互感器 TV 至站所终端 DTU 交流电源回路异常。

7）用万用表测量进线环网柜仪表室电压互感器 TV 交流工作电源，仪表室二次侧端子电压交流 220V 正常，判断进线环网柜电压互感器 TV 二次回路正常。

8）进线环网柜电压互感器 TV 二次回路正常，站所终端 DTU 主交流供电输入端电压异常。判断进线环网柜仪表室电压互感器 TV 交流工作电源二次侧端子至站所终端 DTU 电压回路异常。

9）检查站所终端 DTU 机柜内，主交流工作电源电压端子虚接，紧固处理后，用万用表测量主交流电源空气断路器交流输入接线端输入电压 220V，恢复正常，消缺工作

完成。

10）填写缺陷记录表，如表 3-11 所示。

表 3-11 站所终端 DTU 缺陷记录表

| | 危急 | ［ ］ | 严重 | ［ ］ | 一般 | ［ ］ |
|---|---|---|---|---|---|---|
| **缺陷定级及设备基本信息** | 站线名称 | | 设备代号 | | 缺陷简述 | |
| | 投运日期 | | 所属工程 | | 成套设备［开关柜］厂家 | |
| | 遥控类型 | 一遥 ［ ］<br>三遥 ［ ］ | 通信方式 | 无线 ［ ］<br>光纤 ［ ］ | | |
| | 站所终端 DTU 厂家 | | 无线通信设备厂家 | | 保护管理机厂家 | |
| | 站所终端 DTU 型号 | | 无线通信设备型号 | | 保护管理机型号 | |
| | 监测发现时间 | | 监测人员 | | 联系电话 | |
| | 主站派发时间 | | 主站派发人员 | | 联系电话 | |
| | 专业反馈时间 | | 专业反馈人员 | | 联系电话 | |
| **现场检查及处理记录** | 电源指示灯情况 | 正常 ［ ］<br>异常 ［ ］ | 通信模块指示灯情况 | | 正常 ［ ］<br>异常 ［ ］ | |
| | 电源开关情况 | 正常 ［ ］<br>异常 ［ ］ | 站所终端DTU远方/就地把手情况 | | 远方 ［ ］<br>就地 ［ ］ | |
| | 无线信号强度 | ［数值］ | 各网口连接情况 | | 正常 ［ ］<br>异常 ［ ］ | |
| | 站所终端 DTU 柜遥控分合连接片情况 | 投入 ［ ］<br>退出 ［ ］ | 高压柜远方/就地把手情况 | | 远方 ［ ］<br>就地 ［ ］ | |
| | 现场其他异常现象及处理过程、内容 | | | | | |
| **与主站核实处理结果及签字确认** | 通信 | 正常 ［ ］<br>异常 ［ ］ | 遥测 | 正常 ［ ］<br>异常 ［ ］ | 开关位置 | 正常［ ］<br>异常［ ］ |
| | 处理结果 | 已消除 ［ ］<br>未消除 ［ ］ | 遗留问题 | | | |
| | 单位 | | 工作负责人 | | 处理日期 | |

案例 2：某线路环网柜储能信号异常

（1）缺陷描述：配电主站显示某环网柜站所终端 DTU 储能信号异常，其他状态信息正常。

（2）缺陷分析查找。

1）储能信号异常，其他一次设备状态信息正常，判断通信系统正常、遥信电源正常。因为通信系统、遥信电源故障会导致所有遥信状态都处于异常。

2）现场观察该线路环网柜储能信号灯亮，判断环网柜内储能二次回路正常。

3）对照站所终端 DTU 电气接线图，检查站所终端 DTU 遥信板该线路储能指示灯，储能指示灯熄灭状态，判断环网柜至站所终端 DTU 的储能信号二次回路及终端本体异常。

4）用万用表测量站所终端 DTU 遥信接线端子该线路的储能遥信信号，万用表一端接遥信端子排的储能信号端，另一端接遥信公共端测量，测量电压为零，判断终端本体正常、环网柜至站所终端 DTU 的储能信号二次回路异常。

5）对照电气接线图检查环网柜仪表室储能二次回路，发现环网柜储能二次回路至站所终端 DTU 端子有导线压皮虚接现象。

6）对故障点处理紧固后，观察站所终端 DTU 遥信板该线路储能指示灯闪亮，故障排除，消缺工作完成。

7）填写缺陷记录表，如表 3-11 所示。

案例 3：某线路环网柜交流电流采样异常

（1）缺陷描述：配电主站控制中心系统显示某线路环网柜电流与实际负荷电流有差距。

（2）缺陷分析查找。

1）现场观察该线路环网柜工作状态正常。

2）对照站所终端 DTU 电气接线图，用钳形电流表，在站所终端 DTU 遥测板电流输入端，测量该线路二次电流输入回路的电流值。

3）测量电流值与实际负荷相符，判断站所终端 DTU 二次输入电流正常，环网柜一次设备电流互感器二次回路正常。

4）站所终端 DTU 遥测板该线路二次输入电流正常，判断站所终端 DTU 设备侧异常。

5）使用维护终端笔记本电脑与站所终端 DTU 建立通信连接，终端测试软件查看该线路二次电流采样值与钳形电流表测量值一致，判断遥测板采样电流回路正常。

6）终端测试软件查看配电主站遥测电流参数配置，参数配置正确，判断终端本体有故障。终端本体故障需要站所终端 DTU 生产厂家配合，维修处理故障。

7）填写缺陷记录表，如表 3-11 所示。

案例 4：某线路环网柜遥控异常

（1）缺陷描述：某线路环网柜，配电主站进行遥控分闸时，遥控预置成功，遥控分闸失败。

（2）缺陷分析查找。

1）遥控预置成功，判断遥控选择、遥控返校、遥控执行命令正常。

2）遥控执行失败判断站所终端 DTU、环网柜遥控回路异常或遥控保护闭锁。

3）现场检查该线路环网柜储能状态正常、站所终端 DTU 储能信号正常，判断该线路储能二次回路正常。

4）现场检查站所终端 DTU 操作电源空气开关在合闸状态，判断合分闸操作电源正常。

5）检查站所终端 DTU 该线路合闸连接片未投入，判断合闸连接片未按要求投入，导致遥控执行失败。

6）对设备进行全面检查，设备运行状态及参数无异常，投入该线路合闸连接片，配电主站遥控执行成功。

7）填写缺陷记录表，如表 3-11 所示。

## 任务评价

本任务评价见表 3-12。

表 3-12 站所终端 DTU 的运行维护任务评价表

| 姓名 | | 学号 | | | | | |
|---|---|---|---|---|---|---|---|
| 序号 | 评分项目 | 评分内容及要求 | 评分标准 | 扣分 | 得分 | 备注 |
| 1 | 预备工作（5分） | 安全着装 | （1）未按照规定着装，每处扣1分。（2）其他不符合条件，酌情扣分 | | | |
| 2 | 站所终端 DTU 日常运行维护（30分） | 正确对站所终端 DTU 外观、运行工况、电源系统检查 | 正确说出外观检查最高得分10分，运行工况指示灯检查最高得分10分，电源系统检查最高得分10分，每项检查内容根据学生的填写巡回检查记录表情况酌情扣分 | | | |
| 3 | 站所终端 DTU 常见缺陷分析、判断（35分） | 能通过电压、电流和电源三个事故案例正确进行分析、判断 | 三个事故案例，电压、电流采样案例正确分析最高分各10分，电源案例正确分析最高分15分。案例分析、判断，根据故障现象、故障分析流程、处理原则酌情扣分 | | | |
| 4 | 站所终端 DTU 故障排查（20分） | 通过事故现象，正确对故障进行排查 | 正确、分析判断，说明故障可能的范围得10分，正确使用测试仪器，按照安全操作规程排查故障得10分。不能依据故障现象判定故障范围扣10分，不能正确排查故障扣10分 | | | |

续表

| 序号 | 评分项目 | 评分内容及要求 | 评分标准 | 扣分 | 得分 | 备注 |
|---|---|---|---|---|---|---|
| 5 | 综合素质<br>（10分） | （1）实训态度认真、独立完成相关知识的学习。<br>（2）严格遵守安全操作规程，实训过程中不违反有关规定 | | | | |
| 合计 | 总分100分 | | | | | |

| 任务开始时间 　　时　　分 | | 实际时间 | |
|---|---|---|---|
| 结束时间 　　时　　分 | | 时 | 分 |
| 教师 | | | |

### 任务扩展

案例：设备信息点表配置错误消缺处理。

（1）缺陷描述：配电主站显示某线路环网柜开关分合位置与实际不一致。

（2）缺陷分析查找。

1）配电主站显示该线路环网柜为分位，但遥测电流信息显示实际开关为合位。

2）现场检查该线路环网柜指示灯在合位，机械指示也在合位，判断该线路开关合闸运行状态。

3）使用维护终端笔记本电脑与站所终端DTU建立通信连接，终端测试软件查看设备信息点表配置。

4）对比设备信息点表，发现该线路开关位置遥信点设置是备用点号，现场设备点表配置错误。

5）确认遥信点表配置错误，重新配置及下载点表至站所终端DTU，模拟开关变位操作，配电主站与该开关位置显示一致，缺陷消除。

### 【情境总结】

本情境通过对站所终端DTU设备的专业知识学习、相关工作技能的实训操作训练，使学生熟悉掌握站所终端DTU的结构、应用功能，熟悉站所终端DTU的电气二次接线图，掌握站所终端DTU与终端测试软件的通信连接；熟练掌握站所终端DTU电源系统、"三遥"、继电保护功能调试、联调传动调试的内容、方法和步骤，在专人监护和配合下，完成调试过程，并对试验数据做出正确的判断和分析；明确站所终端DTU终端设备日常运行维护具体工作要求；通过站所终端DTU电源系统、遥信、遥测、遥控典型任务案例，引导学生以小组的方式完成对站所终端DTU的消缺处理；通过本情境两个工作任务的实施，学生应在工作过程中掌握配电终端设备的常见缺陷分析方法和处理原则；通过实际任务增强现场工作经验，学生的工作能力应达到站所终端DTU运维岗位能力要求。

# 配电变压器终端 TTU 及故障指示器的运行维护

## 【情境描述】

配电变压器终端 TTU 主要用于对配电变压器的信息采集和控制，实时监测配电变压器的运行工况。故障指示器是安装在电力线（架空线、电缆及母排）上，指示故障电流的终端设备。情境中涵盖两项工作任务，分别是配电变压器终端 TTU 的运行与维护，故障指示器的运行与维护。核心知识点是配电变压器终端 TTU 基本结构与功能，故障指示器的分类、基本结构与功能，关键技能项包括配电变压器终端 TTU 的功能参数设置、故障指示器的故障定位判断。

## 【情境目标】

1. 知识目标

掌握配电变压器终端 TTU 基本结构与功能；掌握架空线路故障指示器的分类、基本结构与功能；掌握电缆线路故障指示器的基本结构与功能；掌握故障指示器典型缺陷及消缺方法。

2. 能力目标

能够对配电变压器终端 TTU 进行功能参数设置和检查，实现控制应用功能，能够对配电变压器终端 TTU 进行运行维护；能够根据一次接线图，通过故障指示器动作状态进行故障定位，能够对故障指示器常见缺陷进行分析判断。

3. 素质目标

牢固树立配电变压器终端 TTU 及故障指示器的运维过程中的安全风险防范意识，工作过程严谨认真，培养良好的职业道德。

## 任务一 配电变压器终端 TTU 的运行维护

### 任务目标

（1）掌握配电变压器终端 TTU 的结构组成。

（2）掌握配电变压器终端 TTU 的应用功能。

（3）能够对配电变压器终端 TTU 进行功能参数设置和检查，实现控制应用功能。

（4）能够对配电变压器终端 TTU 进行日常运行维护。

## ⌨ 任务描述

本任务分两个方面：其一是在掌握配电变压器终端 TTU 的结构组成、功能应用的基础上，通过典型工作案例，对配电变压器终端 TTU 的功能参数进行设置和检查，掌握参数设置的方法和流程，实现配电变压器终端 TTU 的控制应用功能；其二是通过配电变压器终端 TTU 通电前、通电后的检查项目，完成对配电变压器终端 TTU 的日常运行维护。

## ⌨ 任务准备

### 一、知识准备

（一）配电变压器终端 TTU 结构

针对配电变压器终端 TTU 实训设备，如图 4-1 所示，熟悉终端设备的结构、功能。

配电变压器终端 TTU 基本构成包括液晶显示屏、键盘按钮、系列功能信号指示灯、接线端子等几部分。

1. 液晶显示屏

当配电变压器终端 TTU 上电后，液晶显示如图 4-2 所示。

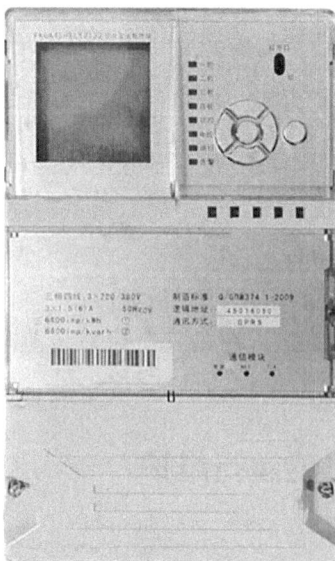

图 4-1 配电变压器终端 TTU

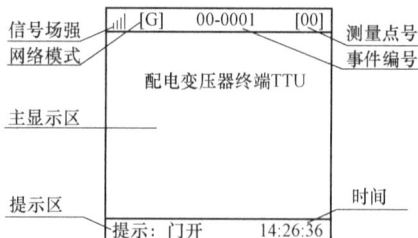

图 4-2 配电变压器终端 TTU 通电液晶显示

菜单主界面显示如下：

（1）顶层显示状态栏：显示固定的一些参数（不参与翻屏轮显）。

（2）主显示区：主要显示翻屏数据，如瞬时功率、电压、电流、功率因数等内容。查看和设置时显示菜单内容。

（3）底层显示状态栏：显示配电变压器终端 TTU 事件、告警、时钟等信息。

液晶显示符号定义如表 4-1 所示。

表 4-1　　　　　　　　　　　　　　　液晶显示符号定义

| 符号 | 定义 |
| --- | --- |
| ᴵᴵᴵᴵ | 信号强度指示，最高是 4 个，最低是 1 格。<br>当信号只有 1～2 格时，表示信号弱，通信不是很稳定；信号强度为 3～4 格时信号好，通信比较稳定 |
| G | 通信方式指示：<br>G 表示采用 GPRS 通信方式；<br>S 表示采用 SMS（短消息）通信方式；<br>C 表示 CDMA 通信方式；<br>L 表示有线网络通信方式 |
| ⓘ | 异常告警指示，表示终端或测量点有异常情况。当终端发生异常时，该标志将闪烁显示 |
| ⊗ | 表示终端进入保电状态 |
| 00-0001 | 事件编号 |
| 00 | 表示轮显第几号测量点数据 |
| 14:26:36 | 表示当前时刻的小时和分钟，格式为 hh:mm:ss |

2. 键盘按钮

键盘示意图如图 4-3 所示。

通常采用 6 按键模式，实现显示信息的浏览和内部信息的设置，各键功能如下。

上、下键：选择菜单项（上、下翻）；选择菜单里面内容页面（上、下翻）；设置内容时，实现数字、大写字母、小写字母、标点符号的选择。

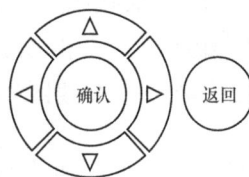

图 4-3　键盘示意图

返回键：返回上一级页面，或返回到轮显模式；进入某项内容设置状态后，退出当前设置。

确认键：进入子级页面；进入某项内容设置状态。

右键：设置时用于选择。

左键：设置时用于选择。

3. 功能指示灯说明

(1) 配电变压器终端 TTU 面板控制及报警 LED 指示灯：

1) 功控——红色，功率控制时点亮；

2) 电控——红色，电量控制时点亮；

3) 遥控——红色，遥控控制时点亮；

4) 保电——红色，保电控制时点亮；

5) 运行——红色，通电后程序正常运行时闪烁；

6) 告警——红色，有告警时闪烁；

7) 第一轮跳闸——红色，跳闸时点亮；

8) 第二轮跳闸——红色，跳闸时点亮。

(2) 配电变压器终端 TTU 面板本地通信 LED 指示灯：

1) 有功——红色，采集有功功率时闪烁，频率随有功功率大小变化；

2) 无功——红色，采集无功功率时闪烁，频率随无功功率大小变化；

3) RS-485-Ⅰ——双色（红绿）有数据发时红闪烁，收时绿闪烁；

4) RS-485-Ⅱ——双色（红绿）有数据发时红闪烁，收时绿闪烁；

5) RS-485-Ⅲ——双色（红绿）有数据发时红闪烁，收时绿闪烁。

(3) 配电变压器终端 TTU 面板电源及网络通信 LED 指示灯：

1) 电源灯——终端通电指示灯，红色。灯亮时，表示终端通电；灯灭时，表示终端失电。

2) NET 灯——网络状态指示灯，绿色。灯亮时，表示终端已找到 SIM 卡；灯闪烁时，表示终端已正常连接主站。

3) T/R 灯——终端数据通信指示灯，红绿双色。红灯闪烁时，表示终端接收数据；绿灯闪烁时，表示终端发送数据。

4. 接线端子

(1) 安装接线图。配电变压器终端 TTU 控制器输入为 A/B/C 三相电压、N 线（其额定值为 220V）和 A/B/C 三相电流（其额定值为 5A，信号是从配电变压器低压侧 TA 的二次接入）。接线图如图 4-4 所示。

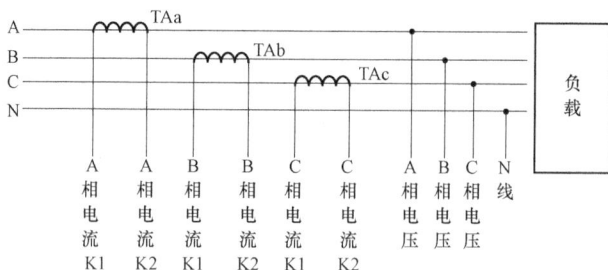

图 4-4 安装接线图

（2）接线端子。

1）电压电流输入接线端子。电压电流输入接线端子如图 4-5 所示。电压和电流的接线安装，相序和同名端必须正确。

| ① | ② | ③ | ④ | ⑤ | ⑥ | ⑦ | ⑧ | ⑨ | ⑩ |
|---|---|---|---|---|---|---|---|---|---|
| A相电流K1 | A相电压 | A相电流K2 | B相电流K1 | B相电压 | B相电流K2 | C相电流K1 | C相电压 | C相电流K2 | N线 |

图 4-5　电压电流接线端子图

2）遥信、遥控、通信端子。遥信、遥控、通信端子如图 4-6 所示。配电变压器终端 TTU 端子接线图，以终端翻盖上的实际标示的接线图纸为准。

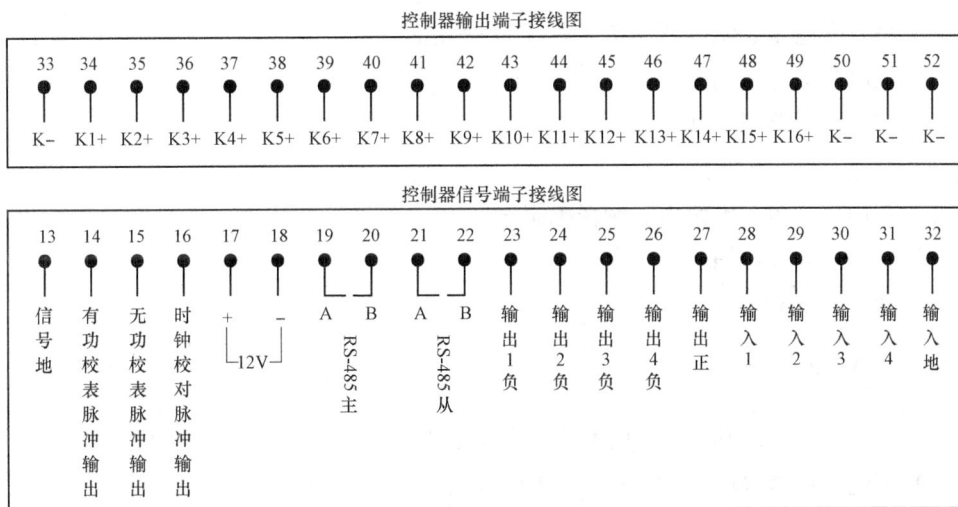

控制器输出端子接线图

| 33 | 34 | 35 | 36 | 37 | 38 | 39 | 40 | 41 | 42 | 43 | 44 | 45 | 46 | 47 | 48 | 49 | 50 | 51 | 52 |
|---|---|---|---|---|---|---|---|---|---|---|---|---|---|---|---|---|---|---|---|
| K- | K1+ | K2+ | K3+ | K4+ | K5+ | K6+ | K7+ | K8+ | K9+ | K10+ | K11+ | K12+ | K13+ | K14+ | K15+ | K16+ | K- | K- | K- |

控制器信号端子接线图

| 13 | 14 | 15 | 16 | 17 | 18 | 19 | 20 | 21 | 22 | 23 | 24 | 25 | 26 | 27 | 28 | 29 | 30 | 31 | 32 |
|---|---|---|---|---|---|---|---|---|---|---|---|---|---|---|---|---|---|---|---|
| 信号地 | 有功校表脉冲输出 | 无功校表脉冲输出 | 时钟校对脉冲输出 | + | - | A | B | A | B | 输出1负 | 输出2负 | 输出3负 | 输出4负 | 输出正 | 输入1 | 输入2 | 输入3 | 输入4 | 输入地 |
| | | | | +12V | | RS-485主 | | RS-485从 | | | | | | | | | | | |

图 4-6　配电变压器终端 TTU 遥信、遥控、通信端子接线图

（二）配电变压器终端 TTU 功能

配电变压器在配电网自动化系统中，既是配电网的终端又是用户的最前端，起着承上启下的作用。配电变压器终端 TTU 基本功能包括变压器运行数据监测、越限报警、远方通信、当地显示、参数设置、变压器和 TTU 停电记录、开关变位事件记录等，有的可实现变压器运行温度控制、有载调压等，这些功能主要集中在在线监测，而在实时控制方面相对薄弱。但随着配电自动化技术的发展及配电变压器终端 TTU 在配电网中所处的重要地位，最新配电变压器终端 TTU 设备在已有的功能基础上进行了多方位的拓展，已经成为一种集遥测、遥信、遥控、计量、用电管理等功能于一体的综合的、多功能的新一代配电变压器自动化远方终端装置。

1．遥测功能

采集数据包括有功/无功电能量、有功/无功最大需量及发生时间、功率、电压、电流、电能表参数、变压器温度状态等信息。

2．遥信功能

采集数据包括配电变压器高压侧开关、低压侧开关的位置状态信息等。

3．遥控功能

遥控功能包括无功补偿控制、有载调压控制、配电变压器高/低压开关控制等。

4．计量功能

具备计量功能构成远程集中抄表系统。

5．用电管理功能

针对用电客户的用电管理功能包括保电功能、用电功率控制、用电量控制等。

## 二、工具准备

（1）箱式变电站及配电变压器终端 TTU 系统。

（2）配电自动化实训系统。

（3）配电变压器终端 TTU 设备。

（4）交流 220V 电源。

（5）万用表、钳形电流表、绝缘电阻表。

（6）螺钉旋具等常用电工工具。

（7）低压验电器。

## 三、材料准备

（1）配电变压器终端 TTU 技术使用产品说明书。

（2）配电变压器终端 TTU 电气二次接线图。

## 四、人员准备

（1）指导教师必须保证两名以上，教师及学生应着长袖工作服，实训操作时应佩戴安全帽。

（2）每 5～6 名学生分为一组，在教师指导下各组学生轮流进行实际操作，每组学生设置一名专职安全监护人，全程对实训各环节进行安全监护。

（3）教师做规范演示后，学生按要求进行功能参数设置和检查。

## 五、场地准备

（1）配电自动化实训现场配备合格、充足的安全工器具，并规范使用。

（2）实训现场具备明显的应急疏散标识，教师告知疏散路线。

（3）一次设备前铺设绝缘垫，装设围栏，并悬挂"有电危险"标志牌。

（4）终端调试区周围装设围栏或拉警戒线。

## 六、工作危险点分析及防范措施

（1）配电变压器终端 TTU 通电之前，应仔细检查，确认装置外壳可靠接地。测试过程中 TA 的二次侧会产生危害人身安全的高电压，在进行测试时应小心，严格遵守相关操作规程。

（2）通电测试必须保证老师全程指导，学生不能擅自进行操作。

## 任务实施

### 一、配电变压器终端 TTU 功能参数设置和检查

案例 1：某供电区域接受保电任务

（1）任务描述：某区域有大型组织活动，要求供电部门采取措施，保障可靠供电。

（2）任务分析。

1）该区域有多台配电变压器负责供电，在组织活动期间供电部门要保证该区域变压器安全、可靠、正常运行。

2）配电主站向该区域配电变压器终端 TTU 下发保电指令，配电变压器终端 TTU 接受指令，将控制参数设置为保电状态时，配电变压器终端 TTU 不执行任何跳闸操作，如果已经跳闸，在接收到保电命令后自动给出允许合闸信号，保证配电变压器正常供电。

3）识读配电变压器终端 TTU 控制回路。

配电变压器终端 TTU 控制操作通过 2 组继电器完成，可以实现对开关对象的遥控分合闸操作，以某一回路为例的控制操作回路图如图 4-7 所示。

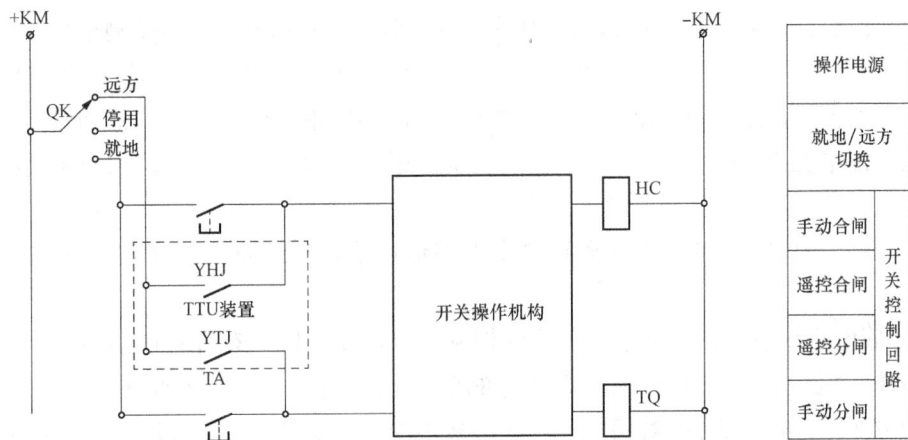

图 4-7　控制操作回路图（以一回路为例）

遥控分合闸回路相互独立，由一个启动继电器和两个输出继电器（分闸继电器 YTJ、合闸继电器 YHJ）构成，大大提高遥控的可靠性，遥控过程采用"选择-执行"方式，描述如下。

①遥控合闸。配电主站下发遥控返校命令，启动返校继电器，在返校时间内下发遥控合闸命令，闭合合闸继电器（YHJ），发出合闸脉冲。

②遥控分闸。配电主站下发遥控返校命令，启动返校继电器，在返校时间内下发遥控分闸命令，闭合分闸继电器（YTJ），发出分闸脉冲。

4）现场检查配电变压器终端 TTU，观察配电变压器终端 TTU 面板电源指示灯、运行指示灯、网络指示灯正常，确保配电变压器终端 TTU 在运行工作状态。

5）现场检查配电变压器终端 TTU 保电状态指示灯亮，液晶显示保电符号 $\boxtimes$，确认配电变压器终端 TTU 在保电运行状态，闭锁跳闸回路，提高配电变压器的供电可靠性。

案例 2：某用户最大功率需量控制

（1）任务描述：某供电区域夏季高峰用电负荷紧张，供电部门为保障重点用户供电，对某非重点用电客户下发限电指令。

（2）任务分析。

1）配电主站向该用户配电变压器终端 TTU 下发用电功率控制时段命令，包括功率定值、定值浮动系数、报警时间等参数，配电变压器终端 TTU 收到这些命令后修改功率控制时段、功率定值、定值浮动系数、报警时间、控制轮次等，参数修改后有音响告警通知该用户。

2）现场检查配电变压器终端 TTU 功率控制红灯亮，确认配电变压器终端 TTU 进入功率控制状态。

3）现场检查该用户配电变压器终端 TTU 功率时段命令，通过配电变压器终端 TTU 键盘操作，液晶显示屏读取功率控制时段命令，验证控制参数是否与主站命令一致。

4）配电变压器终端 TTU 进入"功率控制"状态，在功控时段内监测用户的用电实时功率，当该用户功率超过设置值（定值×浮动系数）时，配电变压器终端 TTU 启动音响告警，要求该用户降低用电功率。如果告警时间结束，用户用电功率仍然超出功率设定值，配电变压器终端 TTU 将按投入轮次顺序启动相应的继电器而控制该用户相对应的负荷开关，降低用户用电功率。

5）在告警期间，如功率下降到功率设定值以下，则终止告警及控制负荷开关的动作。

6）限电指令解除，配电主站下发的控制时段命令解除，有音响通知用户，配电变压器终端 TTU 功率控制红灯灭，此时允许用户合上由于功率控制导致跳闸的负荷开关。

配电变压器终端 TTU 对用电客户的电费预控、用电量控制、催缴电费控制方式与用户最大功率需量控制方式相同。

## 二、配电变压器终端 TTU 日常运行维护

（一）配电变压器终端 TTU 通电前的检查

（1）确认采用的电气接线图与配电变压器终端 TTU 翻盖上的实际标示的接线图纸是否一致。

（2）检查配电变压器终端 TTU 的二次回路接线，电流互感器 TA 回路不能开路，通信接口接线正确，配电变压器终端 TTU 接线端子的接线牢固可靠。

（3）检查后，有必要的需在配电变压器终端 TTU 接线盒盖上加装铅封，保证对用户实施有效的用电管理。

（二）配电变压器终端 TTU 通电后的检查

（1）查看运行指示灯是否亮，正常状态是闪烁的。

（2）查看网络指示灯是否闪烁，如果不亮或常亮都是不正常的。

（3）查看配电变压器终端 TTU 显示屏上的信号强度是否在两格以上，如果网络信号强度指示小于等于两格，需把配电变压器终端 TTU 的内置式天线更换成外置式高增益吸盘天线。

（4）如果有掌机，可以进行中继抄表及读取测量点数据；无掌机的可查看配电变压器终端 TTU 显示屏的电量、电流、电压示数是否和电能表的示数一致。

（5）配电变压器终端 TTU 与电能表安装在计量箱内，关闭计量箱门时，计量箱门触点将触发，运维人员的手机将会接收到主站下发的"××客户计量箱门关闭，××客户电能表抄表测试成功"短信。

（6）如接收到"××客户电能表抄表测试失败"短信，则应检查 RS-485 通信接线、电能表通信地址、通信规约等是否正确。

## 任务评价

本任务评价见表 4-2。

表 4-2 　　　　配电变压器终端 TTU 的运行维护任务评价表

| 姓名 | | 学号 | | | | | |
|---|---|---|---|---|---|---|---|
| 序号 | 评分项目 | 评分内容及要求 | 评分标准 | 扣分 | 得分 | 备注 |
| 1 | 预备工作（5分） | 安全着装 | （1）未按照规定着装，每处扣1分。（2）其他不符合条件，酌情扣分 | | | |
| 2 | 配电变压器终端 TTU 功能参数设置和检查（40分） | 正确对配电变压器终端 TTU 进行参数设置，使其分别工作在保电状态和用户最大功率需量控制状态 | 正确设置配电变压器终端 TTU 在保电状态最高得20分；正确设置配电变压器终端 TTU 在最大功率需量控制状态最高得20分。根据完成的正确度和熟练度酌情扣分 | | | |

续表

| 序号 | 评分项目 | 评分内容及要求 | 评分标准 | 扣分 | 得分 | 备注 |
|---|---|---|---|---|---|---|
| 3 | 配电变压器终端 TTU 日常运行维护（45 分） | 能够正确对配电变压器终端 TTU 进行通电前检查和通电后的检查 | 正确完成通电前的检查最高得 15 分；正确完成通电后的检查最高得 30 分。根据完成的正确度和熟练度酌情扣分 | | | |
| 4 | 综合素质（10 分） | （1）实训态度认真、独立完成相关知识的学习。<br>（2）严格遵守安全操作规程，实训过程中不违反有关规定 | | | | |
| 合计 | 总分 100 分 | | | | | |

| 任务开始时间 | | 时 | 分 | | 实际时间 | |
|---|---|---|---|---|---|---|
| 结束时间 | | 时 | 分 | | | 时　分 |
| | 教师 | | | | | |

### 任务扩展

随着泛在电力物联网的发展，配电变压器终端 TTU 作为电力用户的监测、控制节点，在配电自动化的地位会更加重要，从而推动配电变压器终端 TTU 在监测、控制、通信、显示等各方面功能更加完善。通过网络等方面了解最新的配电变压器终端 TTU 的新技术、新产品的应用。

# 任务二　故障指示器的运行维护

### 任务目标

（1）掌握架空线路故障指示器的分类、基本结构与功能。

（2）掌握电缆线路故障指示器基本结构与功能。

（3）能够根据一次接线图，通过故障指示器动作状态进行故障定位。

（4）掌握故障指示器典型缺陷及消缺方法。

（5）能够对故障指示器常见缺陷进行分析判断。

### 任务描述

本任务分两个方面：其一是在掌握架空线路、电缆故障指示器结构组成、功能应用的基础上，根据一次接线图，通过故障指示器的动作状态，完成故障定位；其二是能够对架空线路故障指示器常见缺陷进行分析判断。

⌨ **任务准备**

## 一、知识准备

故障指示器是指一种安装在电力线（架空线、电缆及母排）上指示故障电流的装置。初期应用的普通型故障指示器仅可以通过检测短路电流的特征来判别、指示短路故障，在线路发生短路故障后，指示器检测到故障电流并进行机械翻牌或闪红色指示灯报警。

目前应用的故障指示器，其功能已从普通就地型发展为远传型、暂态录波型、智能型及故障指示器在线监测系统等，能判定短路、单相接地故障，并将采集的遥测数据和故障告警信号通过无线公网的通信方式传输到配电主站，快速实现故障定位和故障隔离。故障指示器在配电网中各供电区域、节点布局安装方便，经济实用，且监测及传输数据功能日趋完善，因此作为配电终端在配电自动化系统中的应用最为普及。

（一）架空线路故障指示器

1. 功能应用

架空线路故障指示器直接安装在架空导线上，可以监测线路的电流、温度、接地、短路、停电、送电、电杆倾斜告警，如果监测到电流超过预设的电流值时，就会马上翻牌、闪光，白天翻牌指示、夜间闪光指示，通过无线传输模式将告警信息发送到监控中心，经过计算分析将信息发送至运维人员，迅速指明故障线路和故障点，缩短故障排除时间。线路恢复供电后，故障指示器会自动复位。架空线路故障指示器可以带电装卸极其简单，不影响线路运行。架空线路故障指示器安装场景如图 4-8 所示。

2. 分类及基本结构

架空线路故障指示器按照通信方式分为就地型和远传型，对短路故障判断方法均是突变量法。

就地型故障指示器的结构上如图 4-9 所示。就地型只有采集单元，不具备通信功能，就地显示故障信息。

图 4-8　架空线路故障指示器安装场景图

图 4-9　就地型故障指示器

图 4-10 远传型故障指示器汇集单元

远传型故障指示器，由采集单元和汇集单元构成，汇集单元如图 4-10 所示，其功能为将 3 只具备通信功能的故障指示器采集的信息传递到汇集单元进行处理，再通过汇集单元的通信终端将信息上传给配电主站，其运行方式如图 4-11 所示。汇集单元多采用太阳能供电模式。

远传型故障指示器按照接地故障判断方法分为架空外施信号型故障指示器、架空暂态特征型故障指示器、架空暂态录波型故障指示器。

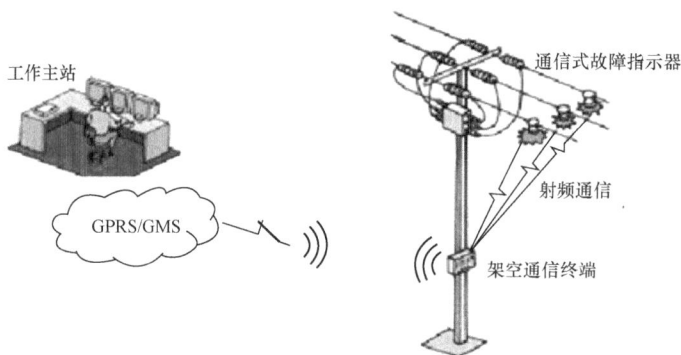

图 4-11 远传型架空线路故障指示器运行方式示意图

3. 故障指示器配置原则

对于供电要求较高的区域架空线路，可通过安装远传型故障指示器实现配电自动化覆盖。对于未实行配电自动化覆盖的，以及线路较长、支线较多的架空线路，可根据实际需求采用远传型故障指示器，及时获取故障信息，缩小故障查找区间，快速定位故障点。对于地理环境恶劣、故障巡查困难、故障率较高的线路，可适当减小远传型故障指示器安装间隔。

（二）电缆故障指示器

1. 功能应用

在城市环网电缆配电系统中，特别是大量使用环网负荷开关的系统中，在环网柜中加装电缆故障指示器，正常情况下，故障指示器不动作，故障指示灯不亮。当通过电缆的电流达到故障指示器设定的故障电流时，故障指示器会对由传感器传来的电流进行判断，确定为短路故障，故障指示器保持动作，指示灯闪烁，直到达到预设的时间限值或受到人工手动复位为止。因此，故障指示器能及时监测和发现电缆线路的短路和接地故障。运维人员在巡检过程中也可根据电缆故障指示器面板指示情况，快速判断出是否有故障发生，避免了对环网柜重复开柜检查的操作，提升了故障查找效率，缩短了故障停电时间。

2. 基本结构

环网柜安装的电缆故障指示器构成如图 4-12 所示，包括：三个安装在相线上的故障检测探头，检测相间短路故障；一个零序电流互感器，检测接地故障；一个安装在开关面板上的故障指示器，显示并传输故障信号。故障指示器上设有发光管显示故障信号，同时具有触点信号输出端，给站所终端 DTU 提供故障状态信号，实现故障信息远传。面板上有自动和手动复位功能，有自检按钮，随时检查故障指示器的工作状态。

环网柜电缆故障指示器安装场景如图 4-13 所示。

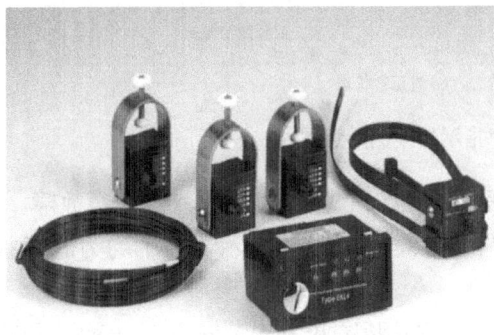

图 4-12　环网柜电缆故障指示器基本结构

图 4-13　环网柜电缆故障指示器安装场景图

## 二、工具准备

(1) 架空线路故障指示器。

(2) 电缆故障指示器。

(3) 配电自动化实训系统。

(4) 万用表、钳形电流表、绝缘电阻表。

(5) 螺钉旋具等常用电工工具。

(6) 低压验电器。

## 🖥️ 任务实施

### 一、故障指示器故障定位

案例 1：架空线路故障指示器故障定位

(1) 故障描述：某区域一条架空线路发生短路故障，配电主站发出告警信息。

(2) 故障分析。

1) 运行人员收到故障告警信息，通过主站一次系统图如图 4-14 所示，查看该架空线路上安装的故障指示器动作状态。

2) 该架空线路安装的故障指示器，均配置为远传型故障指示器，运行工作正常，发生短路故障，故障指示器将故障信息上传给配电主站，无误报现象。

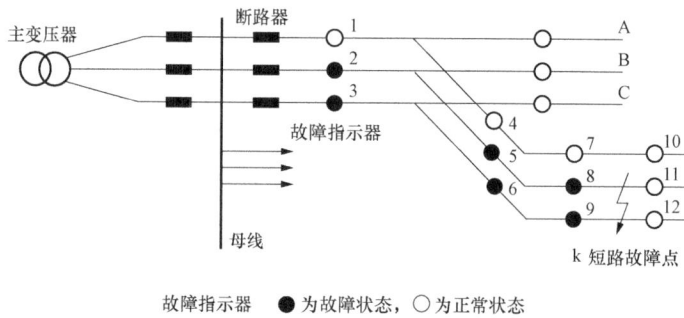

图 4-14  架空线路故障指示器案例示意图

3）该线路 A 相架空线路上安装的故障指示器均为正常状态，判断 A 相没有故障。

4）该线路 B、C 相线路上安装的 2、3、5、6、8、9 号故障指示器显示均为故障状态，判断 B、C 相短路。

5）该线路故障指示器 11、12 号为正常状态，末端故障状态指示器为 8、9 号，判断短路故障点在 8、9 号与 11、12 号故障指示器之间的架空线路上，实施故障定位。

6）故障定位后，配电主站发出指令，断开距故障点最近的上一级柱上开关，实施故障隔离。

7）故障隔离后，配电主站发出指令，合出线断路器，恢复系统正常供电。

案例 2：电缆故障指示器故障定位

（1）故障描述：某城网一电力电缆供电区域发生停电事故，事故原因不详。

（2）故障分析。

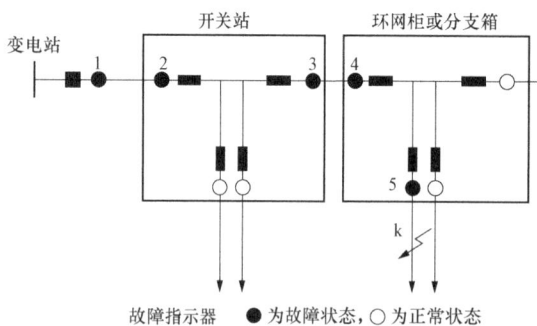

图 4-15  电缆故障指示器案例示意图

1）配电运维人员对该区域供电设备进行现场检查，发现 1、2、3、4、5 号电缆故障指示器短路故障指示灯闪烁，判断短路故障发生。

2）该区域安装的电缆故障指示器均为就地型，没有故障信息远传功能。依据该区域一次系统图如图 4-15 所示，按照电缆故障指示器的安装布局，进行短路故障定位。

3）电缆故障指示器动作说明有短路电流流过该电缆，通过短路电流的路径分析，判断短路故障点在 5 号电缆故障指示器安装处的出线侧，实施故障定位。

4）运维人员拉开环网柜 5 号电缆故障指示器支路开关，实施故障隔离。

5）运维人员检查其他设备正常，对 1～5 号电缆故障指示器手动复位，恢复正常状态。

6）通知变电站恢复系统供电。

## 二、故障指示器典型缺陷及消缺方法

（一）安全措施

（1）现场消缺工作需开具线路第二种工作票。

（2）现场安全措施：工作现场放置安全围栏，悬挂"在此工作"等安全警示牌。

（3）登高安全措施：登高人员正确佩戴安全帽、全方位安全带、绝缘手套、绝缘鞋等安全防护用品。

（二）典型缺陷及消缺方法

根据故障指示器的缺陷分类，将缺陷分为参数问题、安装问题、相序问题、设备问题、主站问题、通信问题、高阻问题、低负荷问题和运输问题故障 9 大类，具体细类及消缺方法如表 4-3 所示。

表 4-3　　　　　　　　　故障指示器典型缺陷及消缺方法汇总表

| 序号 | 故障大类 | 故障系类 | 消缺方法 |
|---|---|---|---|
| 1 | 参数问题 | （1）故障指示器短路故障告警电流阈值配置错误；<br>（2）故障指示器接地故障告警电流阈值配置错误；<br>（3）采集单元变比设置错误；<br>（4）故障指示器内部参数类型配置错误；<br>（5）主站软件中参数变比错误；<br>（6）采集单元采样精度未校准；<br>（7）IP、链路地址（公共地址）、波特率、端口号等通信参数配置错误；<br>（8）其他参数配置问题 | （1）～（8）使用继电保护测试仪校准，并使用调试软件或者主站软件重新配置相关参数。修正后应汇总数据，并与同条馈线的其他故障指示器值相比对 |
| 2 | 安装问题 | （1）安装地点和图模不一致；<br>（2）采集单元卡件结构上的互感器未完全闭合；<br>（3）汇集单元太阳能板被遮挡，导致光照不足；<br>（4）汇集单元太阳能板或表面污秽严重，导致光照不足；<br>（5）汇集单元太阳能板功率过小；<br>（6）外部环境因素（如车祸、台风、泥石流等）干扰下出现设备位置移位、结构松动；<br>（7）安装方式错误、暴力施工等原因导致设备位置移位、内部元器件结构松动；<br>（8）汇集单元电源开关未启动；<br>（9）故障指示器受环境干扰出现死机情况；<br>（10）其他安装问题 | （1）重新安装设备或修改图模；<br>（2）重新安装采集单元；<br>（3）调整汇集单元太阳能板朝向、清除遮挡物或重新选择光线的杆塔；<br>（4）清除故障指示器太阳能板的遮挡障碍物、污秽等；<br>（5）更换功率较大的太阳能板；<br>（6）重新安装采集单元、修改图模或更换安装地点；<br>（7）重新安装设备，紧固接口，同时优化改进故障指示器的施工方式，防止暴力施工损坏设备；<br>（8）开启电源开关；<br>（9）重启或更换故障指示器，观察是否还会出现死机情况，若问题仍存在，则可能仍存在干扰源，需排除干扰源、更换通信频段或重新规划安装位置；<br>（10）其他解决方法 |

| 序号 | 故障大类 | 故障系类 | 消缺方法 |
|---|---|---|---|
| 3 | 相序问题 | (1) 采集单元建模相序错误；<br>(2) A、B、C三相相序安装错误；<br>(3) 采集单元安装方向颠倒（仅限具备录波功能故障指示器）；<br>(4) 其他相序问题 | (1) ～ (4) 排查故障指示器 A、B、C 相采集单元与主站建模的相位是否一致，如错误，则需修改图模型或重新安装采集单元 |
| 4 | 设备问题 | (1) 采集单元互感器饱和；<br>(2) 采集单元互感器精度不足；<br>(3) 采集单元内部芯片或软件故障；<br>(4) 采集单元电池电量不足；<br>(5) 采集单元死机；<br>(6) 采集单元的翻牌结构损坏；<br>(7) 汇集单元通信模块故障；<br>(8) 汇集单元太阳能板损坏或严重老化；<br>(9) 汇集单元电池损坏或电量过低；<br>(10) 设备外壳材料质量问题导致自然损坏；<br>(11) 采集单元温湿度传感器损坏；<br>(12) 其他设备问题 | (1) ～ (12) 更换故障指示器故障部件或更换整体。同时排查同一类型设备是否有家族型缺陷 |
| 5 | 主站问题 | (1) 主站系统原因导致录波波形错误；<br>(2) 对时错误；<br>(3) 主站软件问题；<br>(4) 其他主站问题等 | (1) ～ (4) 上报主站运维人员消缺 |
| 6 | 通信问题 | (1) 运营商通信网络故障，如光缆被挖断；<br>(2) 主站通信故障，如前置机故障；<br>(3) 现场处于弱信号区或无信号区；<br>(4) 汇集单元与采集单元通信距离过远；<br>(5) 现场外来移动终端数量过大导致移动基站过载，引起频繁掉线；<br>(6) 设备安装位置的本地无线信号存在干扰；<br>(7) 汇集单元 SIM 卡未装、SIM 卡欠费、SIM 卡未开通数据服务等；<br>(8) 其他通信问题等 | (1) 要求移动运营商排除故障；<br>(2) 上报主站运维人员消缺；<br>(3) 采用更长天线、重新规划安装位置等；<br>(4) 重新安装，缩短汇集单元与采集单元安装距离；<br>(5) 重新规划安装位置或要求移动运营商对基站扩容；<br>(6) 重新规划安装位置或更改通信频段；<br>(7) 重新安装 SIM 卡、充值话费、联系通信服务商确认通信数据服务情况，必要时更换 SIM 卡；<br>(8) 其他解决方法 |
| 7 | 高阻问题 | 零序电流幅值过低，难以检测 | 无须更换故障指示器 |
| 8 | 低负荷问题 | 线路运行负荷太小（小于10A）导致采集单元无法有效感应取电，采集单元电源寿命小于规定寿命 | 重新选择用电负荷满足取电要求的线路安装该故障指示器，电池接近警戒值时应或更换采集单元 |
| 9 | 运输问题 | (1) 安装前，包装、运输等原因导致故障指示器结构损坏；<br>(2) 其他运输问题 | (1) ～ (2) 更换设备 |

（三）事故案例

案例 1：故障指示器采集单元离线

（1）缺陷描述：配电主站发现某线路 51 号架空线路故障指示器 B 相指示器通信异常。

（2）缺陷分析查找。

1）51 号故障指示器 B 相指示器在发生通信异常前，出现 B 相通信抖动，判断是设备问题或安装问题。

2）运维人员到现场检查，发现 B 相指示器已滑向导线中间，判断是设备安装不牢固所致。

3）B 相指示器移位，超出与汇集单元的射频通信距离，导致无法采集到 B 相指示器的信息，出现 B 相指示器通信异常。

4）运维人员将 B 相指示器重新配置，调试后，B 相数据正常传至配电主站，缺陷消除。

案例 2：接地故障告警误报

（1）缺陷描述：配电主站收到某线路故障指示器上报接地故障告警，而变电站内接地监测系统并未有接地故障报警。

（2）缺陷分析查找。

1）配电主站监测该线路线电压、相电压正常，判断实际接地未发生。

2）故障指示器所在相实际未发生接地，故障指示器上报接地故障告警事件，判断告警误报。

3）检查参数设置正常。

4）检查故障指示器相序，A、B、C 三相相序安装错误，判断相序错误是导致配电主站接地告警误报的原因。

5）调整故障指示器相序 A、B、C 三相相序，缺陷消除。

# 任务评价

本任务评价见表 4-4。

表 4-4　　　　　　　　　故障指示器的运行维护任务评价表

| 姓名 | | 学号 | | | | | |
|---|---|---|---|---|---|---|---|
| 序号 | 评分项目 | 评分内容及要求 | 评分标准 | | 扣分 | 得分 | 备注 |
| 1 | 预备工作<br>（5分） | 安全着装 | （1）未按照规定着装，每处扣1分。<br>（2）其他不符合条件，酌情扣分 | | | | |

| 序号 | 评分项目 | 评分内容及要求 | 评分标准 | 扣分 | 得分 | 备注 |
|---|---|---|---|---|---|---|
| 2 | 故障指示器故障定位（40分） | 对照主站一次系统图和故障指示器动作情况，正确对架空线路和电缆线路进行故障定位 | 能正确对架空线路进行故障定位，最高得20分；能正确对电缆线路进行故障定位，最高得20分。根据完成的正确度和熟练度，酌情扣分 | | | |
| 3 | 故障指示器典型缺陷及消缺方法（45分） | 正确分析故障指示器典型缺陷的原因及消除方法 | 能正确分析故障指示器采集单元离线原因及消缺方法，最高得20分；能正确分析故障指示器接地故障告警误报原因及消缺方法，最高得25分。根据完成的正确度和熟练度，酌情扣分 | | | |
| 4 | 综合素质（10分） | （1）实训态度认真，独立完成相关知识的学习。（2）严格遵守安全操作规程，实训过程中不违反有关规定 | | | | |
| 合计 | 总分100分 | | | | | |

| 任务开始时间 | | 时 | 分 | | 实际时间 | | |
|---|---|---|---|---|---|---|---|
| 结束时间 | | 时 | 分 | | | 时 | 分 |
| | 教师 | | | | | | |

# ⌨ 任务扩展

在现场实际发生接地故障情况下，故障指示器应报却未报接地故障告警事件。请进行原因分析，并总结对应的消缺方法。

## 【情境总结】

本情境通过对配电变压器终端TTU和故障指示器的专业知识学习、相关工作技能的实训操作训练，使学生熟悉掌握配电变压器终端TTU的结构、应用功能；通过典型案例，掌握配电变压器终端TTU功能参数设置和检查，实现保电、功率控制等应用功能；能够对配电变压器终端TTU进行运行维护；熟悉掌握架空线路、电缆线路故障指示器的基本结构与功能，能够根据一次接线图，通过故障指示器动作状态进行故障定位，通过典型案例能够对架空线路故障指示器常见缺陷进行分析判断。通过本情境两个工作任务的实施，学生应了解配电变压器终端TTU发展应用前景，掌握配电变压器终端TTU和故障指示器现场的具体应用，学生的工作能力应基本达到国家电网有限公司配电自动化终端运维人员的Ⅰ级、Ⅱ级岗位能力要求。

# 参 考 文 献

[1] 王立新. 配电自动化基础实训 [M]. 北京：中国电力出版社，2018.

[2] 杨武盖. 配电网自动化技术 [M]. 北京：中国电力出版社，2014.

[3] 国家电网有限公司运维检修部. 配电网自动化运维技术 [M]. 北京：中国电力出版社，2018.

[4] 国家能源局. 配电自动化规划设计导则. DL/T 5709—2014 [S]. 北京：中国电力出版社，2015：3.

[5] 黄欣. 配电自动化终端现场施工及验收作业手册 [M]. 北京：中国电力出版社，2018.

[6] 陈彬，黄建业，张功林，等. 配电自动化试验与检测 [M]. 北京：中国电力出版社，2017.

[7] 常湧，杨龙. 配电网及其自动化技术 [M]. 北京：中国电力出版社，2014.

[8] 国网浙江省电力公司组编. 电网企业一线员工作业一本通配电自动化 [M]. 北京：中国电力出版社，2017.

[9] 国家能源局. 配电网规划设计技术导则. DL/T 5729—2016 [S]. 北京：中国电力出版社，2016：6.

[10] 刘健，沈兵兵，赵江河，等. 现代配电自动化系统 [M]. 北京：水利水电出版社.2013.

[11] 葛馨远. 配电自动化技术问答 [M]. 北京：中国电力出版社，2016.

[12] 熊文. 配电自动化专业技能题库 [M]. 北京：中国电力出版社，2017.

[13] 国网湖南省电力有限公司电力科学研究院. 配电自动化系统培训习题集 [M]. 北京：中国电力出版社，2018.

[14] 国家电网公司. 配电自动化终端/子站功能规范. Q/GDW 514—2010 [S]. 北京：中国电力出版社，2010：10.